JN056816

渇いたカエル

カエルたちの水対策

長井孝紀

渇いたカエル

カエルたちの水対策

八坂書房

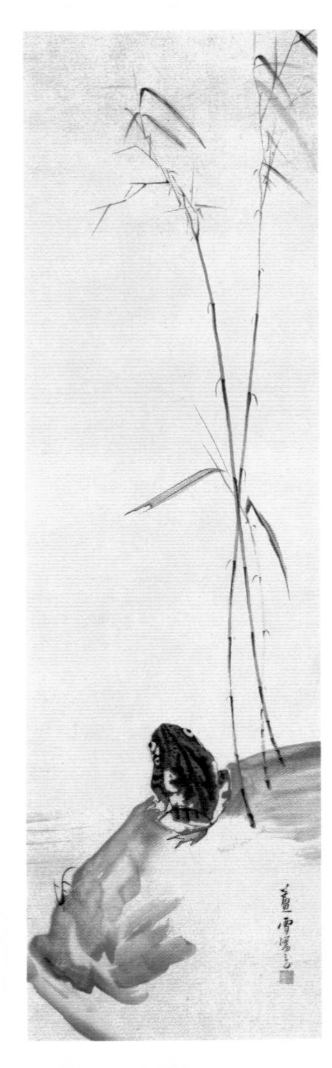

『若竹に蛙図』長澤蘆雪 筆

はじめに

カエルという動物名を聞いて連想するものは、雨、オタマジャクシ、夏などたくさんあるだろう。しかし、池と組み合わせて問われれば、芭蕉の句を思い浮かべるのではないか。

古池や　蛙飛び込む　水のおと

たった17個の文字から、その情景を思い浮かべ鑑賞するのが俳句の世界だが、ここでは風情を捨て去って、生き物だけに目を向けてみよう。芭蕉の句の古池に飛びこんだカエルは何という種類のカエルだろうか。本書を手に取った方は、トノサマガエル、アマガエル、ヒキガエルなどを挙げるのでは。

カエルの研究者によれば、それはツチガエル（*Glandirana rugosa*）である可能性が高いそうだ[1)]。その根拠として、江戸、深川の芭蕉庵の周辺に生息しているカエルであること、昼間、かなりの音をだして池に飛び込んでいることを挙げている。芭蕉があの句を詠んだ春、ヒキガエル（正しい和名はアズマヒキガエル、*Bufo formosus*）はすでに冬眠から覚めていただろうが、昼間に池に音をたてて飛び込むことはありえないという。また、アマガエル（正しくはニホンアマガエル、*Dryophytes japonica*）は軽量だから、飛び込んでも静寂を破るほどの音は立てない。トノサマガエル（*Pelophylax nigromaculatus*）と関東地方で呼ばれているのは、カエルの分類学ではトウキョウダルマガエル（*Pelophylax porosus porosus*）だが、これが芭蕉の池に飛び込んだ可能性は少し、あるそうだ。

自動車の製造では世界のトップを争う日本ではあるが、宇宙開発では遅れをとっている。しかし、日本が打ち上げた月面探査機が月の表面からわずかな岩石の粉（砂）を持ち帰ったことは評価されている。わずかな粉から何がわかるのか。注目すべきはレアメタルがあるかどうかなどよりも、生命の痕跡だろう。それがあれば、月にはかつて水があった、あるいは月のどこかに水が隠れているかもしれないからだ。水があれば将来、人類は月面生活ができる。

地球のどこか、水のある環境で生まれた原始生命は進化を続け、水中生活を続ける魚類、陸上生活をする哺乳類などに発展した。これらに、さまざまな植物が加わって今日の地球の生物群系を作っている。動物の分類学では、両生類に区分されているカエルは水中に産卵するのが基本だ。池の上に張り出した枝や葉のあいだに、分泌物でおおわれた泡状の卵を産み付けるモリアオガエル（*Zhangixalus arboreus*）のような例外もあるが、この場合でも孵化後のオタマジャクシは下の水面に落下できなければ、成長できない。すべての生物は生命活動を維持するために水が必要だが、カエルは自分のからだの生理機能を維持すること以上に、生存環境としての水が欠かせない。

カエルは地球上の広い領域に分布し、南極大陸を除くすべての大陸、諸島にはそこで生活できる種類のカエルがいる。彼らの生息域には南米の熱帯雨林のように、カエルにとっては極楽と思われる場所もあれば、西アフリカのサバナのように高温、乾燥地帯で、太陽の日差しを浴びていると、すぐに干乾びてしまいそうな場所にもカエルはいる。一方で、降雨量は多くても、雨が降る季節がカエルの産卵や成長の時期と一致してくれない地域が、北米の南西部やオーストラリア大陸に数多くある。それでもカエルたちは厳しい環境に耐えながら生きている。カエルのからだのなかには、そこで生き残るためのしくみが隠されている。本書では、カエルを取り巻く環境のうち、カエルにとってもっとも重要な水に焦点を当てて、厳しい環境の下で生きるカエルの秘密を明らかにしていく。

登場するカエルたちの生活は、世界各国の研究者が野外観察や実験を行うことで明らかにされたものである。そこでの自然環境については、記述だけではどのような環境かイメージしにくいと想像される。そこで、観察地の情報として緯度、経度がわかるものについては、それを記載した。地図の検索ソフトを用いて、現地の様子をつかんでほしい。

目 次

第1章　こんなところにもカエルがいる

1. カエルが古池に飛び込んだ理由

芭蕉が詠んだカエルはどうして古池に飛び込んだのだろうか。近所の犬に吠えたてられて池に飛び込んだ、と答えたら俳句の先生を怒らせてしまいそうだ。求愛行動の相手を求めて飛び込んだというなら、少し文学的で許容範囲かもしれない。しかし、カエルの研究者には通じない。もし、あのカエルがアズマヒキガエルなら産卵行動は夜間におこり、昼間は池に飛び込まないのだ。

芭蕉庵のカエルは卵を産むために池に飛び込んだのではないと見抜けるひとは、かなりのカエル通に違いない。カエルは変温動物であることを承知だろうから、長澤蘆雪(ながさわろせつ)の絵にあるように石の上で日差しを浴び、温まり過ぎたので冷たい水のなかに飛び込んだ、と考えるのではないか。そもそも、私たちがカエルと聞いてふつう思い浮かべるのは、大きな鳴き声がうるさく感じられる夏のカエルなので（都市部の住人には通じないかも）、水浴びをするためだと答えたくなる。しかし、俳句の世界ではカエルは春の季語なのだ。

動物は一定の温度範囲内で生きていける。変温動物のカエルも例外ではなく､生存温度の上限を高温限界（Critical thermal maximum, CTMax）と呼び、いろいろな種類のカエルでその値が測定されている。高温の地域で生息するカエルでは、この値は高くなる傾向にある。本書でこれから紹介していくカエルのなかには CTMax が 40℃を越える種類がある。古池に飛び込んだツチガエルの CTMax は測定されていないので、近縁のヒョウガエル

（*Lithobates pipiens*）とウシガエル（*Lithobates catesbeianus*）での測定値から類推すると 37 ～ 38℃くらいと思われる。ならば、春の日差しで暖まり過ぎたとしても、池でからだを冷やす必要はなさそうだ。

古池に飛び込んだ理由については、さらにもう 1 つの答えがあることが、本書を読み進めていただければわかる。芭蕉庵のカエルとは対極の環境に囲まれて生息するカエルを紹介し、その答えに近づいていこう。

2. ラスベガスのカエル

アメリカのロサンゼルスから飛行機を乗り継ぐと 1 時間半足らずで、ラスベガスのマッカーレン国際空港に着く。周りには灰色がかった赤茶色の、あまり高くはなさそうな山が見えるが、緑らしいものはない。しかし、大きな建物がたくさん見え、その壁には MGM とかモンテカルロなどの文字が読み取れる。私がここを初めて訪れたのは 1990 年代だったが、これらの建物のほとんどがカジノを備えたホテルであると知って、非常に驚いた。今やギャンブルだけでなく、マジックやミュージカルなどさまざまなショウを観光客に提供し、それで成り立っている一大観光都市となっている。

この街を観光する機会があるなら、空港でレンタカーを手に入れ、少し寄り道をして欲しい。ラスベガスの中心である The Strip と呼ばれている大通りを目指すのではなく、逆方向の南へ車を走らせてみよう。数分で左手にベルツアウトレットモールが見えるから、この前の通りから分岐し、西に向かう道を 15 分ほど行く。すると、右はブルーダイアモンドとの標識が見える。この道に沿ってドライブすると、美しい景色に出会える。

すぐに、スプリング・マウンテン・ランチ州立公園（Spring Mountain Ranch State Park）との標識が見え、遠くに入り口らしい門も見える。ここをやり過ごして、さらに半マイル北へ行くと左手にファーストクリークと呼ぶ遊歩道がある。道路の左脇が広がっていて駐車できる（36°04’52”N, 115°26’53”W）。小さな案内板を読んでから、眼の前に見える山へ向かうトレッキングルートに入ろう。小 1 時間歩いていくと、地面が幅 5 m ほどえぐられていて、アメリカ人がクリークと呼ぶ“川”に突き当たる。見たと

図1　アカモンヒキガエル

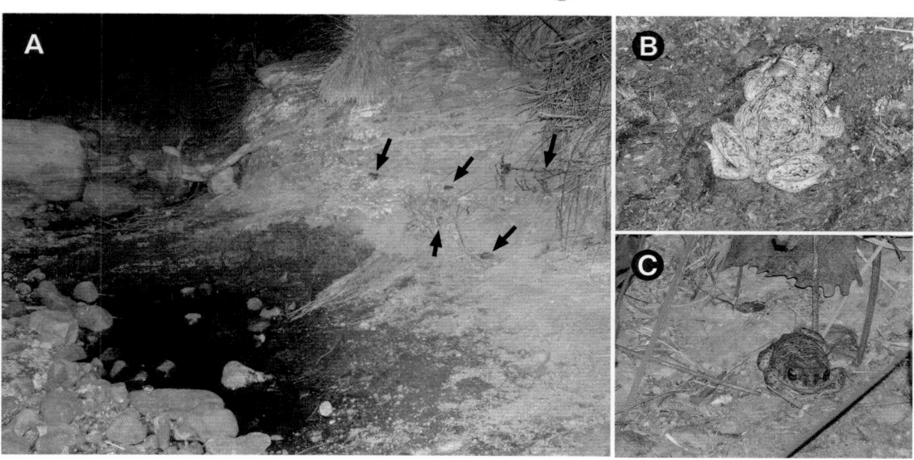

図2　夜のスプリング・マウンテン・ランチ州立公園で観察できたアカモンヒキガエル

🅐：わずかに溜まった水の周りに5匹のアカモンヒキガエル（黒の矢印）が集まっている
🅑・🅒：皮膚の色が異なる2匹のアカモンヒキガエル
（写真Aの撮影後、数十秒あとで撮影したもので、Aの部分拡大像ではない）

図4　スプリング・マウンテン・ランチ州立公園のヨシュアの木と筆者（2014年6月撮影）

ころ水は見えないが、石ころでびっしり覆われた川底をよく見ると、石ころの間は湿っている。夏のこの時期、川の水は覆流水となって石ころの下を流れているらしい。ここに、赤い斑点を持つアカモンヒキガエル（*Anaxyrus punctatus*）がすんでいる。とてもかわいらしくヒキガエルの1種とは思えない（図1）。大きさは日本のアマガエルより少し大きい。

州立公園を紹介するカラー写真集では、ビッグホーン（ヒツジ）やロバと並んで、アカモンヒキガエルが代表的な野生動物として紹介されている。しかし、昼間にこの公園を訪れたのでは、アカモンヒキガエルには、まずお目にかかれないだろう。私が8月の昼間、このクリークに沿って1時間ほど歩いた時は、1匹も見つけることができなかった。夏は気温が45°Cを越えるので、彼らは体内の水分が失われるのを防ぐため岩陰に隠れている。後日、日が落ちてから訪ねると、大きな石の上に座っている数匹のアカモンヒキガエルにお目にかかることができた（図2）。

ネバダ州の南端は地理学的にはモハベ砂漠（Mojave desert）と呼ばれている領域で、スプリング・マウンテン・ランチ州立公園はこの中にある（図3）。モハベ砂漠の南にはソノラ砂漠（Sonoran desert）が続き、そこはアリゾナ州となる。砂漠というと、われわれは砂丘がどこまでもつづく“月の砂漠”を想像してしまう。しかし、ここでは砂は硬い岩をところどころ浅く覆っているだけで、私がネバダの砂漠地帯という言葉を初めて聞いた時に想像したのとは、だいぶ違った。砂漠というより、割れた岩がごろごろの荒地と呼んだほうがよい。しかし、多くの植物は30 cm程度の高さであって、西部劇によく出てくるセージブラシのようであり、細身のサボテンはここが乾燥地であることを示している。大きな植物がない

図3　カルフォルニア、ネバダ、アリゾナの3州に広がる、モハベ砂漠とソノラ砂漠

わけではなく、ヨシュアノキ（Joshua, *Yucca brevifolia* リュウゼツラン科イトラン属）というネバダ州モハベ砂漠特有の植物がある。ひとの背丈ほどの高さがあり（図4)、松とサボテンをひとつにしたような植物で、初めて見た時、とても奇怪に思った。

3. カエルの生息域と気温

ネバダ州のソノラ砂漠の夏の気温は 45℃にもなるのだが、カエルはいったいどのくらいの暑さ、寒さに耐えて生きられるのだろか。ほとんどのカエルは、高い温度では 38° ～ 43℃が限界といわれている[2)]。一方、氷点より少し低い温度でも耐えて生活できる種類も少なくない。変温動物であるカエルは、環境温度が変わると体温が変わるので（気温の高い地域にすむカエルの体温は、寒い地域にすむカエルの体温より高くなる)、実験室ではなく生息環境で体温を測れば、それがカエルにとって正常に活動できる温度ということになる。その温度は平均すると 27℃になるが、いくつかの例をそのカエルの生息地などを添えて列記しておこう（図 5）[3)]。

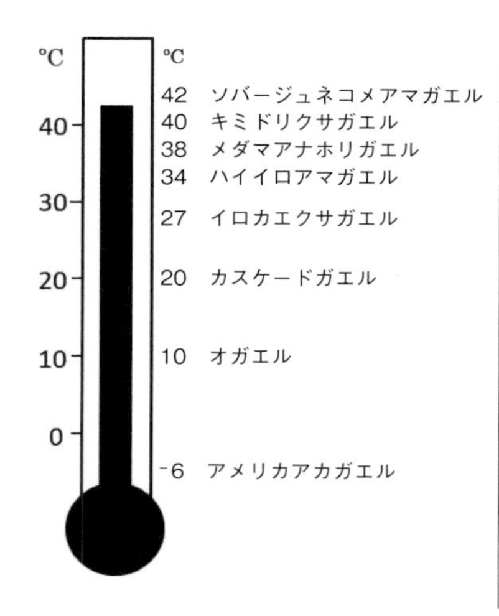

42℃：ソバージュネコメアマガエル＊
アルゼンチン北部などグランチャコと呼ばれる
半乾燥地帯　樹上生

40℃：キミドリクサガエル＊
西アフリカの乾燥地帯（サバナ）　樹上生

38℃：メダマアナホリガエル（*Neobatrachus sudelli*）
オーストラリア内陸部の乾燥地帯

34℃：ハイイロアマガエル＊
アメリカ合衆国東部　樹上生

27℃：イロカエクサガエル（*Hyperolius marmoratus*）
アフリカ

20℃：カスケードガエル（*Rana cascadae*）
アメリカ合衆国西海岸

10℃：オガエル＊
アメリカ合衆国北部の渓流にすむ

-6℃：アメリカアカガエル＊
アラスカ、カナダとアメリカ合衆国の五大湖周辺

図 5　さまざまな環境下に生息するカエルの体温

＊を付したカエルは本書で取り上げた

本書ではカエルが生活する環境の違いを、次のように4つに大きく区分して説明する。

終生、水に浸かった生活をするカエルは**水生**（例：アフリカツメガエル *Xenopus laevis*）、池から出たり入ったりの生活をするカエルは**半水生**（例：ウシガエル）、オタマジャクシの時期以外は陸上で生活するカエルは**陸生**のカエル（例：ニホンヒキガエル *Bufo japonicus*）と呼ぶ。陸生で生活の場が低木や草むらの場合は**樹上生**（例:ニホンアマガエル）と表現する。

陸生のカエルでは、地中に潜って生活したり、夏眠（冬の冬眠に相当）したりする種があるので、これを**穴掘り生**と説明する場合がある。

また、生活する場所に含まれる水分の多少について、乾燥地帯、半乾燥地帯と区分する。

4. 不凍液で寒さに備える

ハイイロアマガエル（*Dryophytes versicolor*）は北米のグレートプレーンズの東部に生息する（図6）。分布域は北のメイン州から、南は暖かいフロリダ州近くまで広がる。図5に示したように30℃を越える環境で生活する一方、冬には確実に氷点下となるところにもいる。陸生のカエルは冬には地中に穴を掘り、凍結を避けて冬眠するのが普通なのだが、ハイイロア

図6　ハイイロアマガエル

マガエルは枯れ落ちた木々や落ち葉の上（氷点下5～7℃にもなる）で越冬できる。彼らの体内に凍結を防ぐ特別な備えがあるのだ。

ハイイロアマガエルは北米で親しまれているカエルで、正しい英語名（Gray tree frog）のほかに複数の別名（Changeable tree toad, The Northern tree toadなど）でも呼ばれている。別名ではfrogではなくtoadの語が付けられている。英語の誤用ではない。カエルに対して英米人は、なめらかな皮膚を持つカエルをfrogで、皮膚にイボがありデコボコしているカエルはtoad（toadはヒキガエルと和訳される）と呼び区別するのだ。実際、ハイイロアマガエルの皮膚にはイボがあり、ざらざらした感じを受けるので、別名のようにtoadの語で呼ぶことは表現としては正しい。さらに皮膚の色は弱い光の下では暗い茶色なので、ニホンヒキガエルを思い起こさせ、日本人には納得できる。ただ、この色には特徴があって、カエルの周囲が明るくなったり、気温が上昇したりすると、緑色を帯びた灰色にすぐ変わる。それで“changeable”の語が付けられる。この灰色は白樺の樹皮の色に近い。

このようにいろいろの名前が、実は1つのカエルの名前であることを明確にするため、研究分野では**学名**を用い、国際的に共通の名前としている。ハイイロアマガエルの学名は*Dryophytes versicolor*でイタリック字体のラテン語を用いる。2語で構成されるが、頭の*Dryophytes*はDryophytes（アマガエル）属に分類されることを示し、人名でいえば氏に相当する。後ろの*versicolor*は名に当たるのだが、頭の1字が小文字表記するきまりである点で、人名の表記とは異なる。

しかし、学名では一般人にはわかりにくいので、本書でも**和名**を用いている。ただ、外国のカエルについては同一種のカエルについて複数の和名が世間で広まっているので、まごつく。例えば、1章-2で紹介したアカモンヒキガエル（*Anaxyrus punctatus*）には非常に多くの専門書が“アカボシヒキガエル”と呼んでいる。学名の*punctatus*と英語名のred spotted toadの意味からすれば“アカモン”の方が合っていると筆者は考えている（図1参照）。学名は原則として本文中の初出で括弧内に記すほか、巻末に和名と学名の索引をつけてある。また、**英語名**は説明上、必要なカエルにだけ本文中に添えることにする。

ハイイロアマガエルを実験室の冷却装置に入れ、ゆっくりと周囲の温度を零度以下にする。マイナス 6℃に達するとカエルの動きはなくなっていたが、その後ゆっくり解凍すると何と生きていた。北米に広く生息するヒョウガエルの冬眠地での気温が 0.5℃から 2.1℃になると報告されているが[4]、マイナス 6℃には耐えられなかった。この差はどこから来るのかを調べるため、秋と冬に採集したハイイロアマガエルとヒョウガエルの筋肉組織を取り出し、その成分を分析した研究がある[5]。

それによると、ハイイロアマガエルの筋肉にはグリセロール*（凍結防止剤としてヒト精子の冷凍保存にも使われるもの）が高濃度で蓄積されていた。冬眠中のハイイロアマガエルでは、膀胱にもグリセロールが含まれていたので、血液中のグリセロールも濃度が高くなっていたと考えられる。冬眠が終わった 5 月にハイイロアマガエルを調べるとグリセロールの蓄積はなくなっていたことから、グリセロールがカエルのからだの凍結防止に役立っていたと考えられる。なお、冬眠中のハイイロアマガエルの皮膚は青に変わる。英語の別名のとおりで、皮膚の色はカエルが生活する環境に左右されると想像される。

＊グリセロールは以前、車の不凍液として使われたが、現在はエチレングリコールが使われている。

5. 血糖値を上げて寒さに耐える

ハイイロアマガエルのほかにも北米には寒さに耐えるカエルがいる。サエズリアマガエル（*Pseudacris crucifer*、英語名 Spring peeper）とアメリカアカガエル（*Lithobates sylvatica*、英語名 Wood frog）である。サエズリアマガエルはすでに紹介したハイイロアマガエルとほぼ同じ地域に分布するが、アメリカアカガエルは五大湖を中心にその南北に分布している。サエズリアマガエルは春になるときれいな鳴き声を発することでアメリカ人に親しまれている（図 7）。また、アメリカアカガエルは目鼻立ちがくっきりしたきれいなカエルだ（図 8）。これら 2 種のカエルが零度以下の環境に耐えて冬眠するのだが、彼らの場合、不凍液として働くのはグリセロールではなく、

図７　サエズリアマガエル

図８　アメリカアカガエル

グルコースである[6]。

グルコース（ブドウ糖）は栄養物の消化吸収によって体内へ取り込まれるが、肝臓でグリコーゲンとなって貯えられている。このグリコーゲンを逆に分解し、血管に放出することで血液中のグルコース濃度を高めるのだ。その濃度はヒトの血糖値*の 40 〜 50 倍にもなる。これが不凍液の役割をしてくれることは、砂糖水は水と比べて凍りにくいことから想像できるのではないか。

グルコースはエネルギー代謝によって ATP（アデノシン 3 リン酸）を作ることに使われる。ATP は生体のエネルギー源として必須の分子で、筋肉の収縮や細胞膜を介したイオンの輸送のように、エネルギーを必要とする生体の反応に使われる。ATP は生体内に酸素があれば効率よく（少ないグルコースからたくさんの ATP を作れる、という意味）作れるが、サエズリアマガエルやアメリカアカガエルの場合、冬眠中は酸素の供給が十分でないので、そうは行かない。そこで彼らはグルコースをたくさん溜め込んでおくという、凍結防止とは別の目的もあると考えられている[7]。

＊カエルの血糖値は 30 〜 75 mg/100ml、ヒトでは 60 〜 100 mg/100ml である[8]。

6. 腸内細菌で暑さ対策

寒さに耐える点で取り上げたアメリカアカガエルを、真逆の環境、暑さにも耐えるように変身させることができるという興味深い研究がある[9]。本書を執筆中に発表された最新の研究だ。

アメリカアカガエルは低温環境に耐えるだけでなく（マイナス 6℃、図 5 参照）、高温にもかなり強く、高温限界（CTMax）は 38.2℃と測定されているが、これをさらに高く変えることができるという。そのカギを握るのはオタマジャクシの腸内細菌である。高い水温環境で育つことが知られているミドリウシガエル（*Lithobates clamitans*、英語名 Green frog）から腸内細菌を採取し、これをアメリカアカガエルのオタマジャクシに移植してカエルの体質改善を図ろうというアイデアだ。

アメリカアカガエルの卵を採取し、抗生物質を溶かした液で十分洗い、母ガエルが卵に残していった細菌類を取り除いておく。一方、ミドリウシガエルの腸管から細菌類を取り出し、実験水槽に混ぜておく。この中に、先に採取しておいたアメリカアカガエルの卵を入れて孵化させる。アメリカアカガエルのオタマジャクシが生まれたら、卵に付着していたゼリー層を食べさせて育てる。ゼリー層を食べさせるのはミドリウシガエルの腸内細菌をアメリカアカガエルのオタマジャクシに確実に移植するためだ。このようにして育てたオタマジャクシが、どのような温度環境で育つかを調べたら、ミドリウシガエルの腸内細菌を移植されたオタマジャクシは本来の限界温度（38.2℃）より高い水温（約1℃高い）でも育つようになった。

ミドリウシガエルの高温限界は39.7℃と測定されている[10]。この温度に近づいたというわけだ。変化した温度はわずか1℃ではないか、と思うかもしれないが、近年、1、2℃の地球気温の上昇が生態系を変えつつあることを考えると、決して小さな値ではない。2023年の夏、日本は過去にない暑さを経験したが、この年の年間平均気温は、過去30年と比べ1.3度高かったそうだ[11]。われわれも腸内細菌を整えて、からだの体質改善を試みてはどうだろうか。

さて、ミドリウシガエルの腸内細菌を移植されたオタマジャクシのなかでは、何が起きたのだろうか。オタマジャクシの腸内細菌を調べると、抗酸化作用を促進する分子を作り出す細菌が増殖していた。腸内細菌はヒトの健康維持に重要な働きをしていることが、近年、注目されている。カエルの世界でも腸内細菌は、変化の激しい生存環境に適応するため重要なのだろう。これが地球の温暖化対策になるといっても、カエル自身は誰かに腸内細菌を移植してもらうことはできない。オタマジャクシは一般に、植物質を食べて育つが[12]、アメリカアカガエルのオタマジャクシは例外で、肉食性だ[13]。だから、種の違うカエルの卵やゼリー層を食べることによって、自分で移植できるかもしれない。それにしても、このような実験を行った研究者の着想には驚かされる。

第2章　暑さと乾燥からからだを守る

1. 日光浴でお肌を白くする

ネバダ州の砂漠にすむカエルがエサを探し歩き回るのは夜で、昼間は岩陰に隠れ夏の暑さを避けている。一方、西アフリカ（マリ共和国、コートジボアール共和国）でサバナと呼ばれている乾燥地帯には、アカモンヒキガエルとは全く異なる暑さ対策を取るカエルがいる。キミドリクサガエル（*Hyperolius viridiflavus*）という小さな（体長2 cm、体重2 g）カエルである（図9）。カエルの皮膚は薄いので、陸上では体内の水分を蒸散によって失いやすい。とくに小さなカエルでは体積当たりの体表面積が大きいので、蒸散速度は速い。乾季のサバナでは、強い日差しとともに昼間の気温は43℃に達し、水の蒸散は高まる。にもかかわらず、キミドリクサガエルは危険な紫外線を含む太陽光から逃げずに、乾燥した草の上にとどまっている。

図9　キミドリクサガエル

初冬に日本庭園を訪ねると、池の周囲を囲む石の上でじっとしているイシガメをよく見かける。変温動物である彼らは日光に当たって体温を上昇させ、動きやすくなるのを待つのだ。爬虫類と同じく変温動物であるカエルも同じことをする必要があるが、西アフリカのような強すぎる日差しの下では、すぐに日光浴を止めて、池に飛び込まなければならないだろう。しかし、近くに池などはない。では、どうやって干乾びてしまうのを避けるのだろうか。

体内の水分を失ってしまえば生死にかかわるので、それに対抗する手立ての１つは姿勢を変えることだ。だが姿勢を変えるだけでそのようなことができるのだろうか。カエルの皮膚は体表の部位によって、水分が通過しやすい部分があり、腹と大腿部の内側がその部位だ。これらが外気に直接触れないようにすれば、水の蒸散を防げる。そこで、キミドリクサガエルは下肢を前方へ突き出し、大腿部の内側を脇腹の皮膚に向かい合わせる（図 10）[14]。お腹の中央部は、低い姿勢を取ることで草に密着させる。

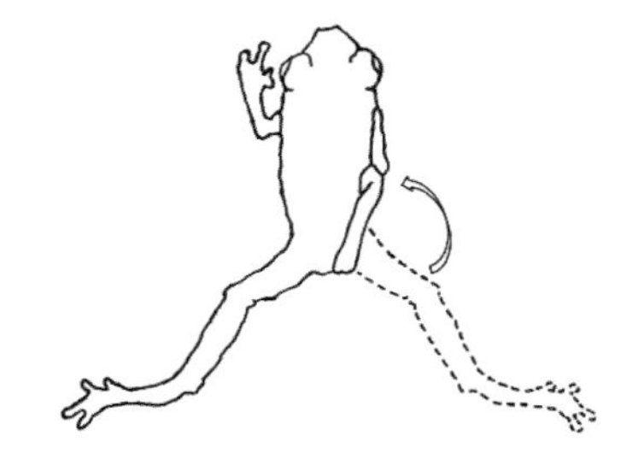

図 10　キミドリクサガエルが水分の蒸散を防ぐために取る姿勢

しかし、日差しがさらに強まり、体温が上昇すれば、背中の皮膚からの蒸散も避けられなくなる。鳥獣戯画に出てくる蛙のように、ハスの葉っぱを日傘にするわけではない。しかし、キミドリクサガエルの背中の皮膚には、それと同じ効果を生むしくみが仕組まれている。太陽光を跳ね返してくれるパネルが内蔵されているのだ。

キミドリクサガエルは気温の変化によって、からだの色を変えることができる。気温が 35℃より低いと、皮膚の色は茶色を帯びた白か灰色であるが、気温の上昇にともなってこれらの色は薄くなっていく。そして 40℃を越えると鮮やかな白に変わる。

カエル、とくに熱帯のカエルは皮膚の色が変化に富み、また美しいので飼育マニアをひきつける。この色は色素を含む細胞（色素胞と呼ぶ）によってもたらされる。カエルは3種類の色素胞（黒色素胞、黄色素胞、虹色素胞）を持ち、3番目の虹色素胞にはグアニンという窒素化合物が含まれ、これが光を反射させる働きをする。

これらの色素胞は主に皮膚組織のうちの真皮（しんぴ）と呼ばれる細胞層に集まっている（図11）[15]。キミドリクサガエルの皮膚を顕微鏡で調べると、気温が高くなる乾季では、虹色素胞の数が増え、雨季の4〜6倍にもなる。このため太陽光が反射されやすくなり、皮膚の色が明るい色に変わる。この時1個の虹色素胞の内部を電子顕微鏡で観察すると、反射小板という板状の構造物がたくさん見え、これらがカエルの皮膚の表面に並行にそろって配置されていることがわかる（図12-A2）。一方、雨季のキミドリクサガエルの皮膚では、反射小板の配列は縦並びが多くなり不揃いになる（図12-B)。こうなると、跳ね返る光は弱く、色としてはいろいろな色（虹色）になってしまう。乾季には反射小板が整列するので、どの色の光も効率よく反射され、色としては白になるのだと考えられている。

このようにキミドリクサガエルの皮膚では、気温が高くなる乾季に2つの変化（虹色素胞の数、反射小板の整列）が起きていた。この変化は気温の上昇が原因のように見えるが、直接の原因は気温上昇を引き起こした太陽の光だろう。

なぜかというと、色素胞はサカナのウロコやタコの皮膚にもたくさんあり、その色を変化させるのは光の刺激であることがよく調べられている。例えば、カレイは体色をカムフラージュさせて海底の砂に隠れるが、彼らは周囲の景色を自分の眼で見て、このような行動を取る。ウロコの色素胞には色をもつ色素顆粒が多数含まれて、これが色素胞内で散らばることで、発色する（逆にこの色素顆粒が凝集すると、色素胞全体としては色が抜ける）。色素顆粒の凝集と発散は、色素胞を支配する神経系でコントロールされているので、体色の変化は速い。

カエルの場合も、光の刺激は眼を通して脳へ伝えられる。しかし、光の刺激は脳内のホルモン分泌を促し、分泌されたホルモンが色素胞に働きかけるので、皮膚の色の変化は遅いだろう。西アフリカのキミドリクサガエルの周囲は、ゆっくりと明るくなっていくのだから、これでよいのかもし

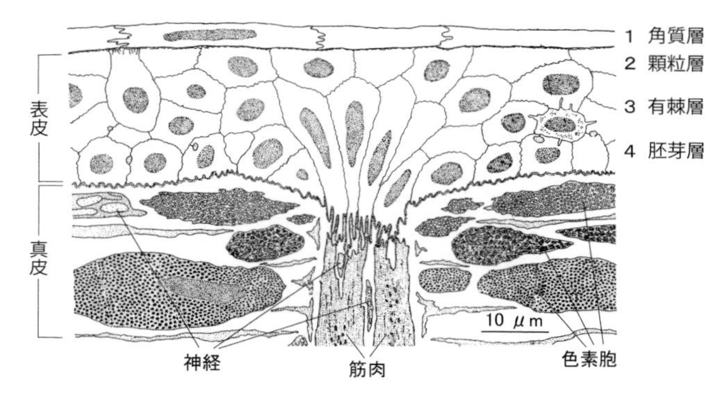

図 11　カエルの皮膚の構造

表皮は 4 種の細胞層（角質層、顆粒層、有棘層、胚芽層）に分けられる。各層を構成する個々の細胞に細胞層の名称を付して、顆粒細胞などと呼ぶ

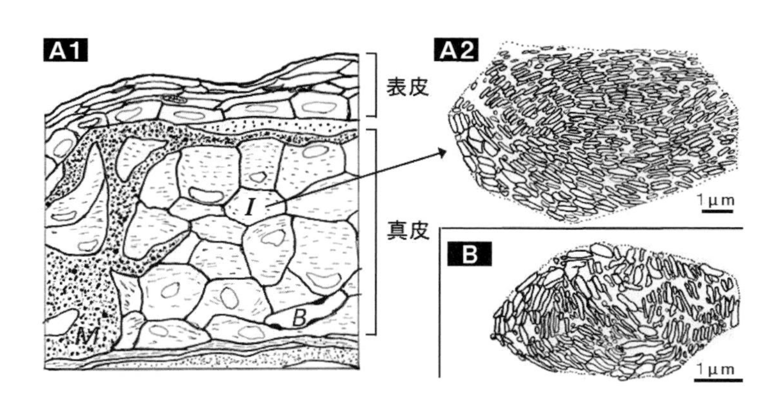

図 12　キミドリクサガエルの背部皮膚の構造

A1：乾季でのカエルの皮膚の横断面。図中 *I* で指し示した細胞とその周囲を囲んでいる細胞がすべて虹色素胞。*I* の細胞を電子顕微鏡で観察し、拡大して A2 で示す（A2 は電子顕微鏡写真を筆者が線画に置き換え、わかりやすくした図。B も同様にして、わかりやすくした）

B：雨季でのカエルの皮膚で観察された虹色素胞。A2 と B の虹色素胞の内部に密集する細長い構造物が反射小板。A2 と B を比較すると、A2 では反射小板が皮膚の表面に対し並行に（図で横に）配置されているが、B では皮膚の表面に向かって（図で縦に）配列しているものが多くなっている。図 A1 のなかに *B* で示した構造は血管

れない。

2. 皮膚に防水ワックスを塗る

われわれヒトの場合、乾燥肌であれば化粧品のクリームをお肌に塗る。これは角質層から水が蒸発することを防ぐためだ。カエルの表皮では角質層だけでなく、その下の細胞層も薄いので(図11参照)、ヒトの肌よりもずっと体内の水分を失いやすい。そこで、カエルのなかには化粧品にならって表皮の乾燥を防ぐ工夫をするものがいる[16]。

南米のアルゼンチン北部からボリビア、パラグアイにまたがる地域には、グランチャコ（Gran Chaco）と呼ばれている半乾燥地帯が広がる（図13）。ここで生活するソバージュネコメアマガエル（*Phyllomedusa sauvagii*）は木の上で生活する樹上生のカエルだ（図14）。ソバージュネコメアマガエルは小さい小枝にしがみついたまま、4本の肢を器用に使って、皮膚の分泌

図13 中南米の地図

本書で紹介しているカエルの実験観察が行われた場所の国名のみを記入してある。斜線を付した地域はグランチャコと呼ばれる半乾燥地帯

図 14　ソバージュネコメアマガエル

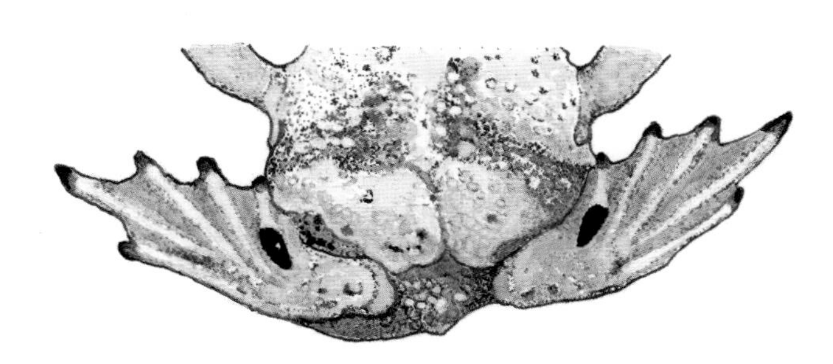

図 15　コーチスキアシガエルの後肢

腺から出てくるワックス様の物質を全身に塗りつける。この物質でいったん覆われたカエルはプラスチックでできたように見えるという。日本のモリアオガエルも樹上生で、木の葉っぱに産卵する生態はよく知られているけれども、ソバージュネコメアマガエルのようにワックスを塗りつけることはしない。

3. 適温を求めて地中に潜る

からだの水分を失ってしまうのを防ぐ手立ては他にもある。乾燥地にすむ多くの種類のカエルが取る対策で､暑い乾燥した季節は地中に潜るのだ。北米テキサス州南西部に生息するコーチスキアシガエル（*Scaphiopus couchii*）は乾燥した季節が始まると、後肢を使って後ろ向きに穴を掘る[17]。地表温度が 25°C の乾燥地帯では、地面を 10 cm 以上掘り進むと地温は約 15°C まで下がったところで一定の温度が保たれるので[3]、暑さを凌ぐことができる。このカエルの後肢の一部は鋤（すき）（畑の土を掘る道具）のような形をしているので、効率よく掘り進める（図 15)。スキアシガエルという名前はこれに由来する。冬になると外気は下がるが､さらに深く穴を掘ることで（50 cm 程度)、今度は暖かい場所を得る。夏がはじまり降雨が期待されるようになると、再び地表近くへ移動する。活動が活発な夏の昼間に潜る場合は 6 〜 8 cm までと浅くなる。

4. ラップフィルムの繭を被る

2 章−2 で紹介したソバージュネコメアマガエルがすむグランチャコには、乾燥を防ぐため地中に潜るだけではなく、さらにひと工夫するカエルがいる。ユビナガガエル科（Leptodactylidae）に分類される、マルメタピオカガエル（*Lepidobatrachus laevis*）とヤノスバゼットガエル（*Lepidobatrachus llanensis*）だ。ソバージュネコメアマガエルの行動を研究したカリフォルニア大学の研究グループが、この 2 種のカエルが取る乾燥対策を明らかにしている[18)]。それを紹介しよう。

カエルの皮膚では、最も外側にある角質層の細胞は定期的に剥がれ落ち、下の層からできてくる細胞に更新されている（図11参照）。その頻度は種類によっていろいろだが、例えば7日ごとに更新するといった具合だ。更新のためには、古い細胞層を前肢でたぐり上げ、頭の先から“脱いで”しまう。ところが、マルメタピオカガエルとヤノスバゼットガエルはこの細胞層を脱がずにいる。しかも、角質層の更新がずっと早くなり、剥がれた細胞層はどんどん重なっていき、最後は蚕の繭のようになる（図16）。このようにしてできた繭は鼻孔を除いたからだ全体をすっぽり覆い、体内の水分が周りの乾燥した土へ逃げてしまうのを防いでくれる。

ヤノスバゼットガエルを実験室内の乾燥した条件で飼育し繭を作らせると、地中で乾燥に耐え150日間も生きていた。これを掘り出し、繭を電子顕微鏡で観察すると、繭の構造がはっきり見えた。角質層の厚さは約0.2 μm（ミクロン、1 mmの1000分の1）で、これが重なってできた繭は少なくとも40から60の層でできていた。角質層の厚さから計算すると、繭の壁の厚さは0.008～0.012 mmと推定される。これは私たちが台所で使う食品用ラップフィルムの厚さ（0.011 mm）とほとんど同じである。ヤノスバゼットガエルの繭は羊皮紙のような肌触りだというから、きわめて自然で高性能の防水ラップフィルムとなっている。

このような繭を作るカエルが穴を掘る土は重い粘土質で、乾燥すると固くなる。また、からだを覆う繭を維持しなければならないので、彼らは地中では動くことができない。一方、繭を作らずに地中に潜むコーチスキアシガエルの周りの土は砂地で、その砂はからだの周りを緩く覆っているので動ける。生息する地域での土壌の性質に合わせた乾燥対策をしていることになる。

図16　ヤノスバゼットガエル

Ⓐ：雨季のカエル
Ⓑ：乾季、角質層が積み重なって
できる繭に覆われたカエル

第3章 水を身近で手に入れる

芭蕉庵のカエルが古池に飛びこんだ理由として、喉が渇いたので飛び込んだという答えは、正解だろうか。長澤蘆雪の絵にある石の上で暖まり過ぎ、喉が渇いたと考えたのだ。しかし、水を飲みたければ何も池に飛び込まなくてもよいはずだ、との反論が出るかもしれない。鳥がくちばしの先を水面に向けるように、あるいは猫がよくするように首を少し下げ、舌を出せば、体を濡らすことなく水が飲めるはずだ。しかし、カエルがそんな姿勢を取るのを見たことがあるだろうか。

カエルの飼育マニア向けの図鑑にはカラフルなカエルがたくさん載っていて、その生態や生息地はよく説明されている。一方、カエルの生存に関わる生理機能に触れている出版物は少ないが、その1つには次のように書かれている[19,20]。“カエルは決して水を飲まない、しかし、そのかわりにもっぱら皮膚を通して直接吸収することによって必要な水を得る。”カエルはあんなに大きな口を持っているが、これは水を飲むには使われない。この事実を知らない読者は多いだろう。知っていたとしても、誰が発見したかは知らないのでは。もっとも、それを発見と呼ぶに値するのかという人もあるかもしれない。では、発見者を紹介しよう。

1. カエルの水分摂取のしかた

カエルは口を使わずに水を飲むことなど、一体、何時、誰がいい出したのだろうか。かなり昔のことである。18世紀の末、イギリス生まれの若い博物学者が書いた学位論文に記載されている。その学者はタウンソン（Robert Townson, 1762-1827）といい、ドイツのゲッチンゲン大学に滞在して学位論文をまとめた。

タウンソンは、ある年の冬になる直前に1匹の大きなヨーロッパアカガエル（*Rana temporaria*）を手に入れ、水を入れた容器を使って、ゲッチンゲンのアパートの部屋で飼い始めた。部屋にはストーブがあり、暖かくしてあったので、カエルは冬眠しなかった。時々水から出てきて部屋を歩き回るのだが、2、3時間でもとに戻ることを繰り返した。このような行動はこの冬ずっと続いた（図17）。

彼はこのようなカエルの行動を見て、次のような観察ができたと、学位論文の冒頭で述べている。“私が水を補充するのを忘れたり、カエルが容器の外で歩き回る時間が長くなってしまうと、カエルはやせ細って弱ってしまった。しかし、水を満たした容器に戻ると、あっという間にふくよかな体型を取戻し、元気いっぱいになった。私はこれを見て、この動物を実験に使ってみようと思い立った。”

春になって、今度はヨーロッパアマガエル（*Hyla arborea*）を手に入れ、実験を開始した。吸収された水をどうやって測るかというと、これは簡単でカエルの体重を測ればよい（図18）。水を入れたグラスのなかにアマガエルが飛び込むと、わずか半時間で体重が5.1 gから7.4 gに増加したが、このアマガエルを水から一晩、離しておくと体重は3.8 gになってしまった。このように、カエルは急速に水分を体内に吸収する一方で、急速に水分を失ってしまう。

次に、別のカエルを一晩水から隔離し、体重が3.8 gになるまでやせさせた。カエルは喉がカラカラになったのだ。そして、このカエルを、水をよく吸い込ませた吸い取り紙の上に乗せた（図19）。すると、このカエルは1時間半ものあいだ、そこに留まっていた。そして体重はおよそ2倍の7.1 gにもなっていた。学位論文には“このアマガエルは短時間にからだの下部表面だけを使って、自分の体重とほとんど同じ量の水を吸収した”とある。カエルはお腹で水を飲むという現象の最初の記載である。このような実験結果を「両生類の生理学的観察」という題の論文にまとめ、1795

図 17　タウンソンの部屋

ゲッチンゲンの冬、タウンソンはヨーロッパアカガエルが水に入ったり出たりを繰り返すのを観察した

図 18　カエルを測る

カエルが吸収した水分量を推定しようと、ヨーロッパアマガエルの体重を測定しようとするタウンソン

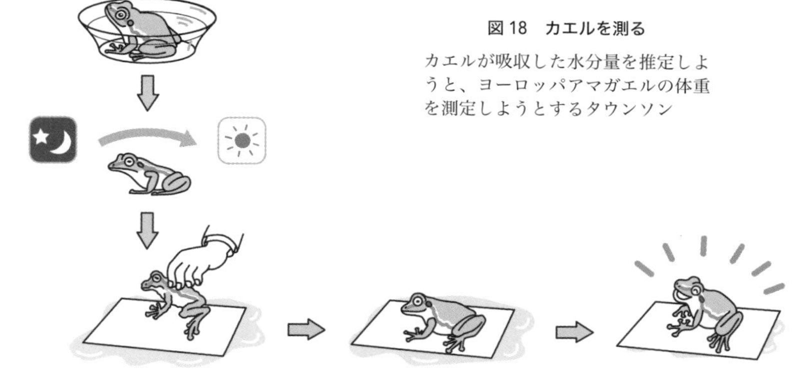

図 19　ろ紙の上のヨーロッパアマガエル

一晩、水から隔離してやせさせたヨーロッパアマガエルを、水を十分に吸い込ませた吸い取り紙の上に乗せてみた実験

年にゲッチンゲン大学で学位を取得した*。1795年はどんな時代だったかというと、ベートベンが25歳の時でドイツからウイーンに移り作曲活動に精を出し、日本では徳川家斉(いえなり)が第11代将軍職にあった。

この18世紀の発見を知ると、芭蕉庵のカエルは水を飲むために古池に飛び込んだ、と答えてよさそうだ。では、どうしてお腹の皮膚は口の代わりになるのか、それを読者に知ってほしいというのが本書のねらいの1つで、この理解をベースにカエルのくらしを、“水”という観点から眺めて行きたい。

＊そして、タウンソンは研究者としての経歴をスタートしたかのように見えるのだが、その後、ヨーロッパ各地の旅行に熱中し、研究はやめてしまった。さらに、1807年にはオーストラリアのシドニーへ渡り、ここに入植する。当時のオーストラリアで知識人として知られた人物になったようだ。インターネットの検索でRobert Townsonと入力すると､彼の肖像画を見ることができる。学位論文の詳細は、拙著、長井2015[21)]を参照していただきたい。

2. 水分吸収と浸透圧

タウンソンの学位論文は、カエルが皮膚を介して水を飲むことを示したが、どうしてそのような水の飲み方ができるのか、そのしくみを明らかにしたわけではない。しかし、19世紀になってから、浸透圧という物理学の概念を用いてある程度の説明ができるようになった。その概念を用いて水分吸収のしくみをごく簡単に説明しておこう。

身近な例をあげる。夕食の一品として“キュウリの塩もみ”を作ってみれば、浸透圧で起きる現象が観察できる。薄くスライスしたキュウリに食塩（NaCl）を振りかけ、軽くもみ、しばらく待つと、切った直後は1枚1枚をはっきりさせていた硬さがぬけ、周りに水分がしみ出ているのが見えてくる。これはキュウリの内部（正確にはキュウリを作っている細胞の内部）に含まれていた水分が、外へ抜け出てしまい、細胞のかたちを保つことができなくなったためだ。食塩を振りかけると、キュウリのスライスは濃い食塩水で囲まれた状態になる。すると、細胞の内部の水分を濃い食塩水の方へ押し出す力が発生する。この力を浸透圧と呼んでいる*。

＊細胞の外部が濃い食塩水となっている状態を浸透圧が高いと表現し、細胞の内部は水が多い（＝食塩濃度が低い）状態を浸透圧が低いと表現する。水は浸透圧が低い方から浸透圧が高い方へ移動する、と覚えておくと理解しやすいだろう。ここでの細胞膜は水（H_2O）を通すという性質があるが、NaCl が水に溶けてできる Na イオンと Cl イオンは通さないと仮定しての説明であることに注意。

“キュウリの塩もみ”の状態とは逆に、食塩を振りかけるのでなく真水に浸せば、水はキュウリの細胞の中へ入っていき、スライスしたキュウリはシャキッとなる（これは細胞内へ入った水が細胞内で張力を生むため）。細胞の内部は純水ではなく、塩類やそのほかの分子がたくさん溶け、濃くなっているからだ。細胞のなかに“入って行く”と簡単に書いたが、細胞を囲む膜（細胞膜）には水（H_2O）のような小さな分子が通ることのできるすきまが必要なことは想像できるだろう。細胞膜が水のような小さな分子を通す性質を“透過性”と呼んでいる。

身近な例が身近に感じられなくては困るのだが、水はカエルの皮膚を通って体内へ入っていくことは、ある程度、想像できたのではないか。なお“分子が通ることのできるすきま”については第4章で解説する。ここでは、カエルの皮膚は薄く水を通しやすいことを知っておいてほしい。組織としての皮膚は図11（2章-1参照）に示すように、形の異なる細胞で構成されている。カエルの表皮の一番外側の細胞を角質層（1層）と呼び、水を通しやすく絶えず表層からはげ落ちている。ヒトの皮膚では、角質層は細胞が3～7層にも積み重なり固い。そのため、丈夫で水を通しにくい。だから、われわれは海やプールで長時間泳いでも水ぶくれになることはない。

3. 姿勢を変えて必死で水を飲む

西アフリカのキミドリクサガエルは、からだの水分を逃がさないように姿勢を変えていた（2章-1参照）。一方、水を吸収するために姿勢を工夫するカエルがいる。ラスベガスの近郊の州立公園のアカモンヒキガエルである（1章-2参照）。私がこの公園を訪れたのは、ネバダ大学ラスベガス校の大学教授、ヒルヤード（Stanley D. Hillyard）を訪ね、彼が行っているカエルの行動実験を見学した時のことだった。

ヒルヤードはアカモンヒキガエルを用いて18世紀のタウンソンの実験を再現し、さらに詳しい実験観察を行った。彼は州立公園で採集してきたアカモンヒキガエルを大学の実験室で一晩休ませたあと（飼育するガラス容器は乾燥させておくことはいうまでもない）、その1匹をガラス容器にそっと置いた。容器の底には水を少量滴下してある（図20❶）。カエルは逃げ出すこともしないで、下腹部の端を少し下げ水に接触させた姿勢を維持した（図20❷）。しばらくすると、左右の下肢の大腿部を互いに180度方向に広げ、大腿部をガラス器の底に密着させた（図20❸）。写真をよく見ると前肢を前方に伸ばし、腹から胸にかけての皮膚も底に密着させているのがわかる。さらに、ガラス面に接触している皮膚に注目すると、ピンク色に染まっている。皮膚近くの血流の色が反映されているためだ。それだけ、この部分の皮膚は薄くできている。

カエルは身の安全のためからだを低くしているのではない。この姿勢を取ることで水に接触する皮膚の面積を大きくしているのだ。大腿部を大き

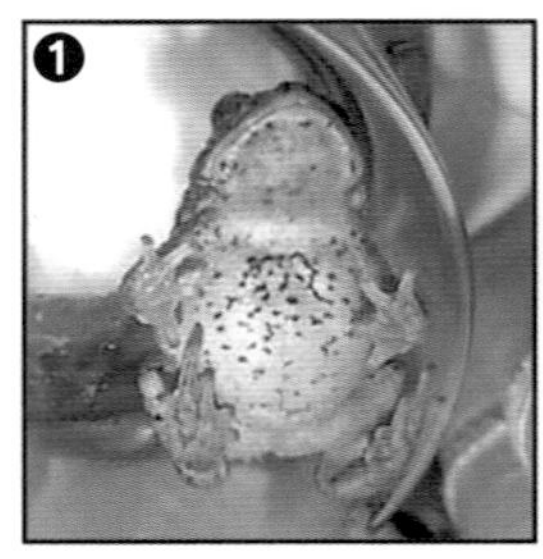

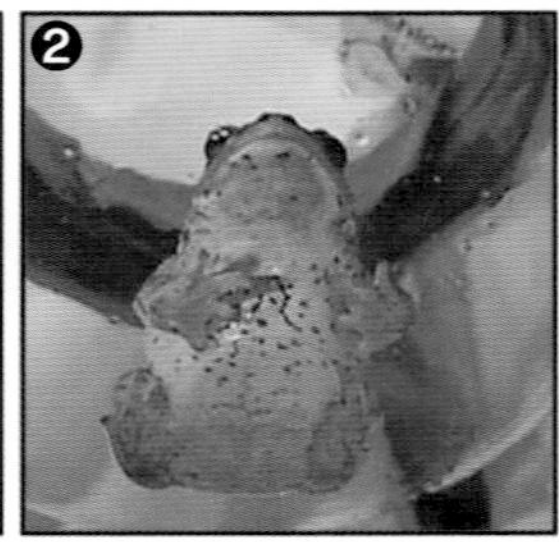

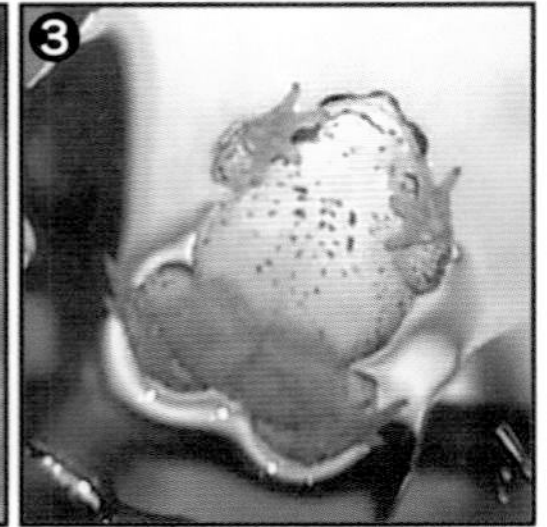

図20　アカモンヒキガエルの前方開脚姿勢

❶：水で濡れたガラスの上にカエルを置いた直後の姿勢
❷：水を吸収しようと、腰を落とし大腿部と下腹部の一部をガラスに接触させている
❸：後肢を大きく広げ、大腿部、腹部、胸部を接触させて水分を吸収しようとしている。大腿部の皮膚は薄く、血流によってピンク色に染まっているのに注目

く広げる、このような独特な姿勢を前方開脚姿勢と呼んでいる。この姿勢を見れば、カエルは水を吸収しようとしているのだと、誰でも思うのではないか。

4. 特異な姿勢を保つ骨格筋

前方開脚姿勢を取ることで大腿部の内側部をできるだけガラス面に密着させる、このような体操選手にしかできないような姿勢を、アカモンヒキガエルはどうしてできるのだろうか。これには、大腿部の筋肉に秘密があるのではとヒルヤードは考え、アカモンヒキガエルの大腿部を調べた[22]。

ヒトの場合、大腿部の最も内側には帯状の筋肉がある。恥骨から起り、大腿部に沿って下行し、脛骨（けいこつ）に付く筋肉で薄筋（はくきん）（gracilis muscle）と呼ぶ（図21 Ⓐ）。多くのカエルではこの筋は2つに分かれ、小薄筋（gracilis minor）

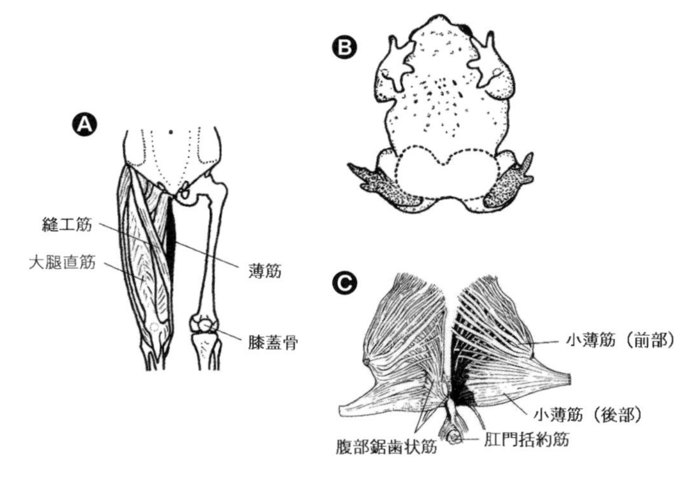

図21　ヒトとヒキガエルの薄筋

Ⓐ：腹側から見たヒトの大腿部の筋肉
Ⓑ：アカモンヒキガエルの前方開脚姿勢（図20参照）
Ⓒ：アカモンヒキガエルの腹部と大腿部の筋肉
図は背側から見た図である。小薄筋のほかに、腹部鋸歯状筋という筋肉が細い束（図Cでは黒く塗りつぶして示してある）に分かれ、小薄筋と直行するように入りこんで、腹部の皮膚へ向かっている

と大薄筋（gracilis major）と呼んでいる。アカモンヒキガエルでは、小薄筋が発達し大きくなり、脛骨に向かうだけでなく、大腿部および腹部の皮膚へも向かっていた（図 21 Ⓒ）。しかも、帯状ではなく細かな束を作り、扇のような形を形成し、腹部の皮膚へ広がっている。

小薄筋の役割は何か。後部の小薄筋は大腿を水平に維持しているのだろう。一方、前部の小薄筋は腹部の皮膚へ向かっている。小薄筋の束の 1 つを電気刺激し、筋肉を収縮させてやると腹部の皮膚が収縮し、しわができた。アカモンヒキガエルの皮膚の表面には網目状に広がった凹凸があり、皮膚に触れた水を広がりやすくしている。この皮膚を状況に応じて、細かく動かせれば、水分の吸収の助けになるであろうと、ヒルヤードは推測している。小薄筋を支配している運動神経を探し出して、これを刺激できれば、小薄筋につながっている皮膚の動きが細かく観察でき、彼の推測がより確かなものになるのだが､それはできていない。今後の研究が待たれる。

分類学ではアカモンヒキガエルはヒキガエル属というグループに入る。そこでヒルヤードはこのグループから 27 種のカエルを選び、その大腿部の筋肉をしらみつぶしに調べた。すると、小薄筋の発達はこれらのカエルに共通に認められた。特に顕著なのはアカモンヒキガエルのほか、コロラドリバーヒキガエル（*Incilius alvarius*）とウッドハウスヒキガエル（*Anaxyrus woodhousii*）であった。コロラドリバーヒキガエルとウッドハウスヒキガエルも喉が渇いた状態にすると前方開脚姿勢を取ることが観察されている。残りの 24 種のヒキガエルも同様の姿勢を取るかどうかは実証されていない。

コロラドリバーヒキガエルはアリゾナ州南部とメキシコに広がるソノラ砂漠（1 章-2、図 3 参照）に生息しているので、米国では Sonoran desert toad とも呼ばれる。本書で“ 砂漠のヒキガエル ”と書く場合は、アカモンヒキガエルとコロラドリバーヒキガエルの 2 種を指す。ウッドハウスヒキガエルは北米の東部の海岸や湖の岸辺付近、中西部の牧草地帯に広く生息する。

5. 霧を集める

乾燥地帯にすむカエルが地表に少ししかない水を皮膚から吸収するには、カエルの体形を考えるとお腹の皮膚を使うしかない、というのは思い込みで、背中側から水を吸収するカエルもいる。では、どうやって？

乾燥地帯ではなかなか得にくい水を意外なところから集め、体内へ取り込んでいるカエルがいる。イエアメガエル（*Ranoidea caerulea*）という緑色のカエルで、日本のアマガエルと似ているが3倍ほど大きく、ぼってりした感じを受ける。眼の上の皮膚がおおいかぶさるように突き出ていて、映画『E・T』を連想させる可愛らしさがある（図22）[23]。このカエルはオーストラリアとパプアニューギニアの固有種で、シドニーのような大都市でも見られるが、個体数が減っている。人工繁殖ができるので、市販されている。飼育すると太りやすく可愛さが増すのでペットショップで人気らしい（英語のニックネームは dumpy tree frog で、ずんぐりした木登りガエルの意）。

イエアメガエルは北オーストラリアで広く分布し、例えばクィーンズランド州タウンズビルを流れるロス川の治水用のダム周辺（19°24'35''S, 146°44'15''E）で、内陸部の町ウィントンの南方、ロングウォーター・キャンプ場（23°35'18"S, 143°03'05"E）の小さな人工池でも観察される（図23）。イエアメガエルは水をどこから集めるかというと、大気中の水蒸気からである。水蒸気からどうやって水を得るのか、少し詳しく紹介しよう[24]。

北オーストラリアではある程度の雨は降るが（5～9月の総雨量が約12 mm）、1年の多くは乾季で、6～8月の降雨量はゼロである。このような乾季でも活動しているカエルがたくさんいるが、その多くは水場の近くにすむ。しかし、イエアメガエルは水がほとんど得られないような地域で生活している。面白いことに、彼らは温暖で湿り気のある夜だけではなく、気温の低い時も活動する。最も低い場合、その温度は12.5℃だという。イエアメガエルの生存限界で低い方の温度、低温限界（Critical thermal minimum, CTmin）は11℃なので、12.5℃では活動量は最大活動時の20%にしかならないと推定されている。だから、運動しにくいはずだが、あえて

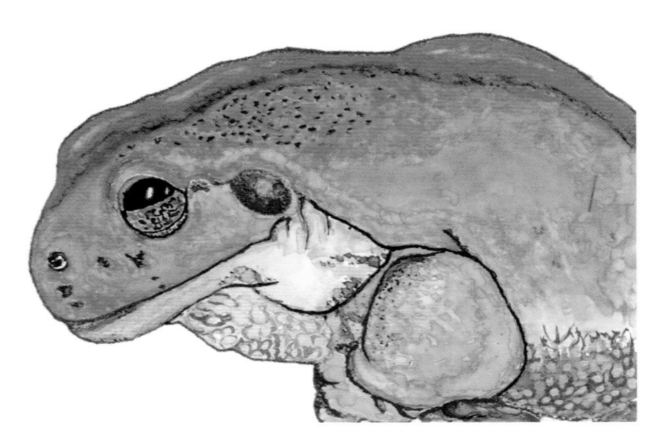

図 22　イエアメガエルの横顔

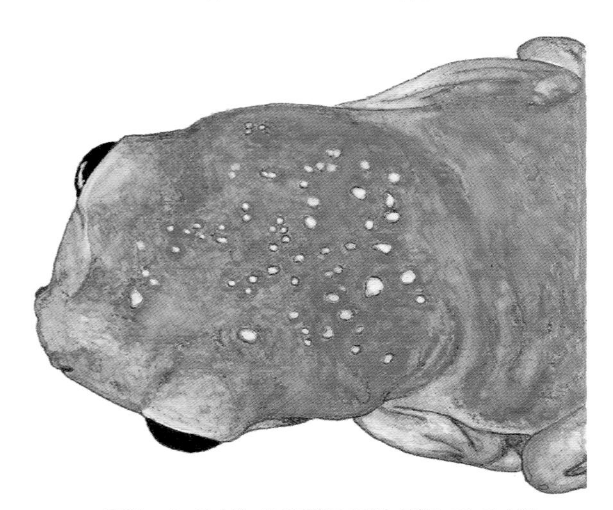

図 24　イエアメガエルの頭部の皮膚に付着している水滴

そのような条件下で動き回るのは餌を求めての積極的な行動ではないだろう。では、何のために？　オーストラリア北部、ダーウィン市の大学研究者たちは、大気中の水蒸気が凝結し、からだに付着するのを飲み水として利用するためではないか、と考えた。そう考えたのは、砂漠にすむトカゲやクモ類のなかに、水蒸気の凝結を飲んで、生存に必要な水を獲得する種があることがヒントになっている。

このカエルのからだの表面に凝結ができるのか、そしてそれを吸収しているのかどうか、実験してみた。日中の彼らの生息場所をまねて、直径1 m のユーカリの大木を用意し、内部に洞（ほこら）を作っておく。あらかじめ、カエルのからだを冷やしておき（12～18℃）、洞のなかに入れる（内部の温度は25℃前後）。15分後に観察すると、カエルのからだには水滴がついていた（図24）。しかも、頭の部分にたくさん見られた。事前に量っておいた体重と、水滴のついたカエルの重さとの差を計算すると、水滴は0.4 g（体重の約1％相当）だった。水滴ができるには、カエルの体温と洞との温度

図23　オーストラリアの地図

地図上でタウンズビルとウィントンとがイエアメガエルの生息地に近い町。斜線部がオオヒキガエルの生息地。太い線で囲んだ領域がミズタメガエルの生息地

差が 8℃もあれば十分だった。このカエルがこのようにして得る水分は量的には多くはないが、カエルが皮膚から蒸散によって失うと推定される量より、ずっと多いので北オーストラリアで生きる助けになるだろう。

この水滴をカエルは実際に飲むのだろうか。アカモンヒキガエルのように、皮膚から吸収するのだろうか。研究者たちはそのように考えて、色をつけた小さな水滴を背中の皮膚に落としてみた。30 分で水滴はほとんど見えなくなったが、皮膚の湿り気を吸い取り紙で拭い取ってから、体重を量ってみると、水滴の約 60% が体内へ吸収されたものと推定できたので、やはり皮膚を通して吸収されたに違いない。

北オーストラリアでは夏でも夜間は気温がかなり下がる。一方、ユーカリの洞のなかはそれほど下がらない。だから、このカエルが夜のあいだ、外に留まることで体温を下げ、そして洞のなかへ戻ってくると、そこは湿度が高いので水蒸気が凝結することになる。18 世紀のタウンソンの頃から、カエルが水分を吸収するのはもっぱら腹部の皮膚を通してと考えられているのだが、凝結でできた水滴は背中の皮膚に付着している。オーストラリアの研究者は背中の皮膚も水を吸収する働きがあるのだろうと考察してはいるが、背中と腹部の皮膚では何が違うのか、実験的に調べてはいない。何が違うのかは、第 4 章で解説しよう。

6. 水滴を飲む

前節のイエアメガエルとは対照的に、背中側から水を吸収しないことがはっきりしているカエルもいる。2 章−2 で紹介した、背中にワックスを塗るソバージュネコメアマガエルである。彼らの生息環境は乾燥地帯であるが、夏には季節的な降雨がある。量は少ないが、木々の葉っぱを濡らし水滴を落とすだけの量はある。しかし、皮膚にワックスを塗ってしまっては、皮膚からの水分吸収を妨げてしまう。ではどうやって水分を吸収するのかというと、驚いたことに水を口からきちんと飲むという。カエルを実験室に持ち込み小さな枝に止まった姿勢を取らせる。その頭に水滴を垂らしてみると、鼻先を上げた姿勢を取り、口を少し開けた。直後に体重を量ってみると、増加していた。水を口から飲んだことをさらに確認するため、色素を混ぜた水滴を垂らし、同じ実験を行った。そして、かわいそうだが解剖して調べてみると、口腔内と消化管が色素で染まっていたので、確かにこの水を口から飲んでいたといえる。

このカエルは腹部の皮膚から水分を吸収できることが知られているので、そこから吸収した可能性もある。そこで、頭でなく背中に水滴を垂らし、腹部まで水滴でぬれるようにしてみたが、体重の増加はわずかであった。また、背中に水滴を垂らした時は頭に垂らした時とは違って、頭をもたげ水を飲みやすくする姿勢は取らなかった。ソバージュネコメアマガエルは口を使って水滴を飲み込んだことに間違いはない。この行動を観察した米国カリフォルニア大学の研究者たちは、このカエルを“水を飲むことの知られた唯一のカエルである”と報告している[25)]。

水分吸収に関わる、イエアメガエルとソバージュネコメアメガエルの行動を見ると、カエルの皮膚には部位によって性質がかなり違うらしい。どのように違うのか、次の章で解説しよう。

第 4 章　カエルの皮膚の秘密

1. カエル皮膚に点在する粒子

この節では、ヒトの尿についての解説から始めたい。“オシッコ”の話とは唐突に感じられるだろうが、これを知っておかないと、本題へ進めない。体内での代謝によってできた老廃物は、腎臓内の糸球体という組織で血球成分などから分離され、水に溶けてそのまま腎臓の尿細管へ排出される。この水の量は非常に多いので、このまま排出を続けると、体内の水分はなくなってしまう。そこで、尿細管はこの水を再び体内へ戻すということをする（再吸収と呼ぶ）。

さて、糖尿病の患者では尿に糖（ブドウ糖）が多量に検出され、尿量も多くなることはよく知られている。20 世紀の初め、ブルン（Brunn）というドイツの医学者はこの病気の原因を探るため、実験動物としてカエルを使った。カエルが糖尿病になるのか、などというなかれ。理由はこうだ。カエルの皮膚が水をよく通すことは、すでに現象として広く知られていたので、この医学者はカエルの皮膚とヒトの尿細管との共通性に注目したのだ。

彼はカエルの脳組織から、ある抽出物（のちにホルモンの 1 種とわかる）を得て、これをカエルに注射すると、皮膚からの水分吸収が増大することを発見した[26)]。この抽出物は腎臓尿細管での水の再吸収に対しても効果があり、ホルモンによって細胞膜の水の透過性が高まった結果と解釈された。この発見は、水の吸収に対するホルモンの働きを明らかにするための出発点になった。

カエルには、このホルモンの作用で水の透過性が高まる組織がもう1つある。尿の貯蔵器官である膀胱である。その後、ブルンの発見からかなりの年月が経過した1970年代の半ばになって、次のような発見があった。カエルの膀胱で、水の透過性がホルモンによって増大した時、その粘膜側（膀胱の内部）の細胞膜を電子顕微鏡で観察すると、膀胱膜には小さな粒子がたくさん分布し、不規則に散らばっているのが見えた[27]。次に、ホルモンを投与すると、その濃度上昇とともに膀胱膜上には、粒子が密に集合した粒子群が多くなった[28]。これらの結果から、粒子の集合が水の移動を担っているのではないかと想像された。

では、皮膚ではどうだろうか。ここにも膀胱膜で観察されたような粒子がたくさん観察された。皮膚のどの部位に分布しているかを細胞レベルで見てみると、顆粒層の細胞（2章-1、図11参照）が体表に面する側（図の上側）だったので、これらの粒子と水の透過性との関連性が強く示唆された[29]。

ここで断っておくが、その小さな粒子が見えたというだけで、水はここを通ると判断されたわけではない。そう断言するためには、粒子の構造、さらに機能を示す実験も必要で、それを次の節で紹介しよう。

2. アクアポリンの発見

水を通すかもしれないという粒子の構造は、カエルの皮膚とはかなり異なる種類の細胞から明らかにされた。アメリカのジョンズ・ホプキンス大学の生化学者であるアグレ（Agure）は細胞の形を維持するために役立っているタンパク質を研究していた。その過程で、これまで知られていなかった種類のタンパク質をヒトの赤血球から分離抽出し、その分子量（28kD）を報告した[30]。その3年後の1991年には、このタンパク質のアミノ酸配列を決める遺伝情報を含む遺伝子（cDNA）を分離同定した[31]（分子生物学ではこれをクローニングしたと表現する）。この研究ではアミノ酸配列を決めただけではなく、その機能、すなわち水を通すチャネルであることを示したので、大きなインパクトを与えた*。どのような実験をすれば、“水を通す”といえるのだろうか、次に示そう。

＊この研究でアグレは 2003 年度にノーベル化学賞を得る。

アミノ酸配列の情報を持っている遺伝子をアフリカツメガエルの卵に注入する。すると、卵のなかでその情報に基づいたタンパク質ができる。これが水輸送にかかわるタンパク質であるかどうかは、誰にでもわかる次のような方法で示される。遺伝子を注入後、卵を浸透圧の低い塩類溶液に入れておく。アフリカツメガエルの卵のなかには各種の塩類やタンパク質があり、浸透圧が高い。もし、この卵の細胞膜に水を通すタンパク質（チャネル）ができれば、細胞の周囲にある水が細胞内へ移動し、細胞は膨らむだろう。これは目で見て確認できる。図の写真が示すようにアフリカツメガエルの卵は膨らんでいる（図 25）[32]。

赤血球での発見のあと、1993 年に日本の佐々木らによって、ラットの腎臓で尿に含まれている水を腎臓で再吸収する働きをすると考えられるタンパク質が発見された[33]。アグレと佐々木による発見に続き、次々と類似したタンパク質が発見されていった。これらは、アクアポリン（aquaporin；ラテン語で aqua は水、porus は孔、AQP と略称）と命名された（水チャネルと

遺伝子を注入した卵細胞

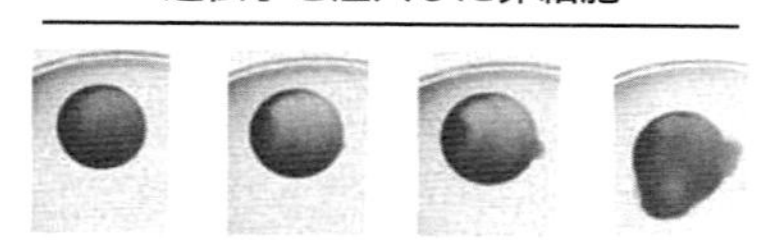

遺伝子を注入しない卵細胞

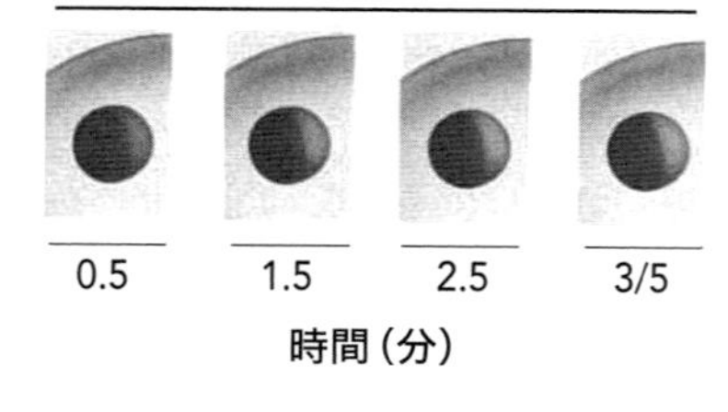

図 25　アフリカツメガエルの卵細胞の観察

上段：アクアポリンの遺伝子を注入した卵細胞では、水が細胞内へ流れ込むことによって膨らみ、3 〜 5 分後には破裂してしまった

下段：この遺伝子の注入がないと、破裂しない

いう呼び方もある)。水の移動を担っているだろうという粒子が最初に観察されたのは、カエルの皮膚や膀胱だった。しかし、その構造と機能が最初に明らかにされたのは、赤血球であった。これはカエルの研究者から見れば、先を越されてしまった感がある。

このように次々とAQPが発見されたので、赤血球で発見されたものをAQP1、腎臓で発見されたものをAQP2というように番号を添えて呼ばれるようになった。哺乳類ではAQP0を含み、AQP1からAQP12まで、計13種類同定され、これらは肺や腸など生体のさまざまな組織の細胞膜にあって、そこでの水の移動にかかわっていると考えられている。

新しいタンパク質が報告され、しかもそのアミノ酸配列の情報が公開されると研究は急速に進む。少し遅れてしまったが、カエルでも研究が進んだ。ヨーロッパトノサマガエル（*Pelophylax esculentus*）とオオヒキガエル（*Rhinella marina*）の膀胱から、それぞれ哺乳類のものとは異なる構造のアクアポリンが海外の研究者によって発見された[34, 35]。日本固有のカエルでは、ニホンアマガエルの腹部皮膚から新しいアクアポリンが発見された[36]。これは静岡大学理学部の田中滋康教授らによる研究成果であるが、ヒトやラットのアクアポリンとはアミノ酸配列が違うタンパク質を見つけたというだけではない。アクアポリンがカエルの暮らし方と関連していることを示した興味深い研究なので、次の3つの節で紹介しておきたい。

3. アクアポリンとカエルの生息環境

ニホンアマガエルは皮膚の色が緑色である個体が多く、小さなかわいいカエルで、日本の代表的なカエルといえる（図26)。静岡大学の周辺に多い水田や、それを囲む低い木々にすみ、人家でもよく見られる。ニホンアマガエルはアマガエル科（Hylidae）に属し、樹上生活をするタイプのカエルだ。

田中滋康らはニホンアマガエルの腹部皮膚にあるアクアポリン（AQP）を2002年に発表したあと、これと類似のアクアポリンを見つけたので、

学名の一部 “h” を使い*、最初に同定したアクアポリンを AQP-h1、次に見つけた 2 種を順次 AQP-h2、AQP-h3 と数字も添えて区別している[37]。

AQP1 がヒトのからだの各部にあって、かなりいろいろな組織で機能しているのと同じように、新しく見つかった AQP-h1 もアマガエルの皮膚だけでなく、膀胱、腎臓、脳、心臓、肺にもあり、それぞれの組織で水の移動にかかわっていると考えられる。一方、AQP-h2 と AQP-h3 は、AQP-h1 よりも皮膚での水分吸収へのかかわりがもっと深い。

これらの AQP がニホンアマガエルのどの組織にあるかを調べると**、先に述べたように AQP-h1 はほとんどの組織に分布しているのと比べ、AQP-h2 は腹側皮膚と膀胱に、また AQP-h3 は腹側皮膚だけにあるという特徴があった。一方、背側の皮膚には AQP-h2 と AQP-h3 はない。

＊現在、ニホンアマガエルは *Dryophytes japonica* の学名がつけられているが、2000 年の初めころの学名は *Hyla japonica* であったため、このような呼び方がされた。
＊＊アミノ酸配列の情報を持つ遺伝子（mRNA）の存在量で示す手法（RT-PCR 法）を用いた。

4. 皮膚型と膀胱型のアクアポリン

腹部皮膚だけにある AQP-h3 の分布を、蛍光免疫染色法*で調べた結果、光って見えたのは皮膚のうち表皮の顆粒層（2 章−1、図 11 参照）の細胞だった。さらに、腹側の皮膚でも部位による違いがあることがわかった。腰部（大腿部を含む）の皮膚で分布が密で、胸部の皮膚では少なかった[36]。ヒルヤードが観察した、アカモンヒキガエルが水を飲む時の行動を思い出してほしい。このカエルは大腿部を広げ、前方開脚姿勢をとって皮膚を水に密着させていた（3 章−3、図 20 参照）。腰部にアクアポリンが豊富なのが納得できるだろう。

AQP-h2 の分布を調べると、腹部皮膚の顆粒細胞（表皮の顆粒層にある細胞のこと。2 章−1、図 11 参照）にあるだけでなく、膀胱にもあった。以上の結果から、田中らは皮膚だけにある AQP-h3 を腹側皮膚型 AQP、膀胱に

図 26 ニホンアマガエル

もある AQP-h2 を膀胱型 AQP と呼んでいる。

第 3 章（3 章-5）でオーストラリアのイエアメガエルが背中に水滴を集めて飲むことと紹介したが、この皮膚には AQP-h1 だけでなく、AQP-h2 と AQP-h3 も分布しているのではないか。もしそうであるならば、背中の皮膚で水を飲むカエルともっとはっきり呼べるだろう。是非、調べて欲しい。

＊ AQP がカエルのからだの組織や細胞のどこにあるかもっと詳しく知るため、AQP に結合する抗体を作り、それが結合した部位を探す実験方法。用いる抗体にはあらかじめ蛍光物質を付着させてあるので、顕微鏡で観察すると、そこが蛍光で光って見える。この方法で AQP がある部位とその量も推測できる。

5. 環境とアクアポリン

田中らはニホンアマガエルの皮膚と膀胱、それぞれに特異的な AQP を発見し、それと結合する抗体も手にしたので、これをそのほかのカエルに適用し、彼らの生息環境との関連性を調べた*。

調べたカエルは次の 6 種である（生息環境の区分については 1 章-3 参照）。

アフリカツメガエル（水生）、ウシガエル、ニホンアカガエル（*Rana japonica*）、トノサマガエル（以上3種は半水生）、ニホンヒキガエル（陸生）、最後にニホンアマガエル（樹上生）の6種である。

＊ AQPの有無を調べるには2つの抗体（抗AQP-h2抗体と抗AQP-h3抗体の2種類）を用いた。これらはニホンアマガエルのAQP（h2とh3）、それぞれに特異的に結合する抗体として作られたのだが、実際にはニホンヒキガエルなどの他種のカエルの皮膚とも反応する（カエルの種類が違っていても同じ機能をするAQPでは、そのアミノ酸配列が非常に似ているため、このようなことが起る）。この反応を利用した。

こうして6種類のカエルについて調べると、腹側皮膚型AQP（AQP-h3）はすべてのカエルの腹部皮膚にあるが、これに加えて膀胱型AQP（AQP-h2）を皮膚に備えているものはニホンヒキガエルとニホンアマガエルだけだった。これらのカエルは水から離れて生活する時間が長い種類のカエルである。水から離れるほど、AQPをたくさん備えていると考えてよいのだろうか。

この推論が正しいかどうかは、日本よりもっと乾燥した環境で生活しているカエルの皮膚を調べればはっきりするだろう。そう考えた私たち（筆者とネバダ大学のヒルヤード）はラスベガスのスプリング・マウンテン・ランチ州立公園で採集したアカモンヒキガエルから、皮膚や膀胱などの組織を切り出し、静岡大学の田中研究室へ送った。すると、次のような結果が得られた。

先に得られた6種類のカエルの結果に、アカモンヒキガエルの結果を加え、まとめたのが図27である。プラス記号で示したカエルの組織ではニホンアマガエルのAQPと非常によく似たタンパク質があった、と読み取ってほしい。アカモンヒキガエルでは、腹部の皮膚には膀胱型AQP（AQP-h2）と腹側皮膚型AQP（AQP-h3）の両方があり、この点でニホンヒキガエルとニホンアマガエルとに共通していた[38]。さらに、アカモンヒキガエルの腹側皮膚型AQPの分布領域は腰部だけでなく、もっと胸部に近いところにも分布し、水分を吸収しやすい領域がニホンアマガエルよりずっと広いこともわかった。

これらの結果から、どの種類のAQPを皮膚のどこに持つかはカエルの生息環境と関連している、といってよいだろう。

種名	生息環境の型	腹側皮膚型AQP	膀胱型AQP	
		腹部皮膚	腹部皮膚	膀胱
ニホンアマガエル	樹上生	+	+	+
ニホンヒキガエル	陸生	+	+	+
アカモンヒキガエル	陸生	+	+	+
トノサマガエル	半水生	+	−	+
ニホンアカガエル	半水生	+	−	+
ウシガエル	半水生	+	−	+
アフリカツメガエル	水生	+	−	+

図27　カエルの生息環境とアクアポリンの分布

樹上生と陸生のカエルでは膀胱型のアクアポリンが腹部の皮膚にもあることに注目

第５章　自分の体内に水を貯える

カエルが彼らの環境のなかで必死に獲得した水。これを少しずつ大事に飲めばよいのだろうが、ヒトのように水筒は持っていない。そこで、彼らは自分のからだの中に水を貯える。どこに貯えるのかというと、何と膀胱に、である。ヒトを含めた脊椎動物では、膀胱は体内での老廃物を尿として捨てるため、これを一時的に溜めておく器官だ。読者の皆さんは、膀胱が飲み水を貯える器官だとは想像し難いのでは。カエルの場合を見てみよう。

1. 膀胱―水の貯蔵庫

カエルの膀胱は水を溜める器官であると最初に考えた科学者は、第3章で紹介した18世紀のタウンソンである。彼の学位論文の中での2番目の結論だった。

「カエルを水から離しておくと、体重の減少が観察された。しかし、体重を測定する（3章-1、図18参照）ためにつまみ上げない限り、尿を出すことはなかった。体重の減少が起きたのは水分が皮膚から蒸散したためだろう。この水はもともと膀胱に溜められていた水に違いない。だから、カエルはからだの大きさの割にはとても大きな膀胱を持っているのだ。」

タウンソンは、このように結論している。しかし、彼は膀胱の中の液体の組成を化学分析したわけではない。単に、「この液体が何であろうと、蒸留水のように純粋で味がない」と論文に記しているだけだ。味はヒトの舌に分布する味細胞で検出されるのだが、タウンソンがカエルの膀胱に溜まった液体を本当になめて、味がないことを確かめたのか、記されていない。

われわれヒトが飲料水から獲得する水の量は1日当たりおよそ1.2 L、尿として排泄する量は1.5 Lだが*、膀胱に一時的に溜めておける水の量は最大0.6～0.8 L（成人体重の1%強）ほどしかない。カエルが膀胱に溜める水の量は、次に示すように半端ではない。

*尿の方が飲んだ水より多いが、この差分0.3 Lは代謝水といい、食物の栄養素が体内で代謝される時に発生する。

膀胱を水がめとして利用するのはすべてのカエルに共通であるが、その量はカエルの種類によって異なり、その大小は彼らの生活する環境と関係している。乾燥地で地中に穴を掘って生活する種類で特に多く、次節で紹介するオーストラリアのミズタメガエル（*Ranoidea platycephala*、英語名Water-holding frog）では体重の57%にもなる（野外観察での最大記録では130%との報告もある）。北アメリカの乾燥地帯で生活するコーチスキアシガエルでは33%、中央アメリカの熱帯で陸生のオオヒキガエルでは25%である。一方、水生生活するアフリカツメガエルでは1%と非常に少ない。

図28 ミズタメガエル

アフリカツメガエルを除けば、カエルの膀胱はヒトの 20 〜 30 倍(体重比で)もの水を貯蔵しているといえよう。以上の数値は文献（3）による。

そして、乾燥地で水が得られにくくなると、膀胱壁の細胞層の水に対する透過性を増大させ、薄い尿から水を取り出して体液へ移動させる。つまり、排泄する予定だった尿中の水を再利用するのだ。そのしくみはホルモンによって調節されていることを、第 4 章の冒頭（4 章-1）で説明してあるので、読み返してほしい。

2. 皮下に水を溜めるミズタメガエル

読者の皆さんは、生きているカエルを手に取ってみたことが一度くらいはあるだろうか。カエルはからだ全体がぐにゃぐにゃしている。左手でカエルを支え、右手の指でその皮膚をゆっくりと擦ってみると、皮膚が大きく前後左右にずれるのがわかる。カエルの皮膚と筋肉の間には透明な膜でできたリンパ腔とよぶ袋状の組織があり、これが皮膚と筋肉を部分的にしか固定していないので、このようなことが起こるのだ。

固定されているところはリンパ腔の隔壁で、この隔壁がリンパ腔全体をからだの部分ごとに分け、胸リンパ腔、腹リンパ腔などと呼んでいるスペースを作っている。ここは液体（リンパ液）で満たされているので、カエルのからだは水に囲まれているといってもよい。リンパ腔には静脈につながる開口部があるので、リンパ液は体循環系に流れ込むことができる。このような構造をしているので、カエルのリンパ腔は、普段、からだの組織から出たり、入ったりする水の通り道として働いている。ところが、非常に乾燥度の高い地域で生活するカエルはこのスペースに大量の水を溜める。ミズタメガエルがそのカエルだ（図 28)。このカエルについて、次のような面白い行動が観察されている。

19 世紀、オーストラリアにヨーロッパ人が入植した頃の話である（3 章-5、図 23 参照)。入植者はアボリジニーが“飲み水”を得るためにミズタメガエルを捕まえているのを見て驚いたという[20]。ミズタメガエルは乾季になると干上がった池の地面を掘って隠れている。そこで、アボリジニーは乾いた地面を叩いてやる。するとミズタメガエルは鳴き声を上げるので、その音が大きく聞こえる場所を狙って地面を掘ると、カエルがいっぱい出てきた。カエルを押さえつけ、出てきた液体を味わってみたら、きれいな水だった[39]。しかし、掘り出されたカエルたちは、せっかく溜めた水を放出してしまったので、あとで困ることになるのはいうまでもない。

第6章　水を探す

カエルにとって不都合な乾季を、繭を作って凌ぐ、あるいは水を体内に溜め込んでやり過ごすカエルの生き方を紹介してきたが、この章では、乾燥地帯で水を探すカエルの行動を見てみよう。

1. カエルが教えてくれる水場

南米のブラジルというと、アマゾン川を囲む熱帯雨林でおおわれた、多様な生物の宝庫という印象が強い。ここにはたくさんの種類のカエルが生

図29　水場を求めて穴を掘るカエルたち
（ニセメダマガエル属の1種、ピータースメダマガエル、ツノガエルモドキ属の1種）
A：背側図、B：腹側図　発達した血管によって赤みがかった部分を示す

息し、体の色がきれいなものが多く、趣味でカエルを飼育する人の関心を引き付けている。一方、ブラジルには季節によって、川が完全に干上がってしまうところもあることはあまり知られていない。それは北東部に広がるカーティンガ（Caatinga、白い森という意味）と呼ばれる半乾燥地帯で、ブラジルの生物が生活するバイオーム（生物群系）の1つを形成している。ここにも地中に潜って乾燥に耐えるカエルがいるが、地面の掘り方が半端でない。

カーティンガの気候は乾燥していて、気温は高くなる時期では平均30℃である。降雨は不規則で、1年のうちの始めの3カ月に集中している。その量は多い年では1100 mmに達するが、少ない年では平均200 mmにしかならない。総降雨量が少なく日照りが続く日が、2年あるいはそれ以上、続くことがある。ここのカエルにとってこのような不規則さは非常に危険だ。カーティンガの土壌の主体は砂で水をほとんど保持しないからだ。この地域の大半の川は一時的にできるもので、日照りの時期では完全に乾いてしまう。

サンパウロのブタンタン研究所のジャレド（Jared）らは、カーティンガに生息しているユビナガガエル科(Leptodactylidae)のカエルの行動を雨季と乾季の両方で観察した（調査研究は1992年から2016年の間で10回）。このカエルの生態を調べた報告を紹介しよう[40]。

調べたカエルは次の3種、メダマガエル属のピータースメダマガエル(*Pleurodema diplolister*)、ニセメダマガエル属の1種（*Physalaemus* sp.)、そしてツノガエルモドキ属の1種（*Proceratophrys cristiceps*）である（図29）。あとの2種には英名も和名もつけられていない。乾季ではこれらのカエルは地中に隠れていて、直接観察できない。そこで調査では、遺跡の発掘調査のように、丁寧な砂の除去と大胆に大きな穴を掘ることを繰り返した。

雨季は年の初めに来る。1月から2月にかけて調査したところ、砂地を湿らすに十分な量の雨が降ったが、表面を水が流れるには足らない量であった。夕方になると砂地から出てくるカエルが現れ、出てきた穴は深さ、10～15 cmほどであった。暑さが続く数カ月の間、このような地中で過ごしているようだった。カエルがいる穴を掘り出したところ、カエルは湿った砂に埋もれ、目を閉じ、肢を体に寄せて、じっとしていた。

日光にさらされるとすぐ逃げ出し、跳びあがると同時に、総排泄腔から水（尿）を噴出した。ジャレドらは、これはよく見られる防護行動だと述べているが、せっかく溜めた水を放出してしまえば、自身の生存を脅かすことになるのは、オーストラリアのミズタメガエルの場合と同じだ。

乾季（冬）になってから、再び“発掘調査”を行った。雨季に一時的にできていた川は川底にも水は全くなく、湿り気さえない。日が落ちてからもカエルは現れない。そこで、砂地をどんどん掘り進めると湿った砂の層につきあたり、カエルが出てきた。テキサスのコーチスキアシガエルの場合、乾季では深さ 20 cm でカエルが現れたのに比べ、カーティンガのユビナガガエルの潜伏場所はずっと深く、1.5 m にも及ぶ場合があった。

カエルを探して、ジャレドらがそこまで深く掘り進めたのにはヒントがあった。かつて現地の人たちは、生活用水を求めて砂地をこのように深く掘り、井戸にしていたと聞いていたのだ。カーティンガのユビナガガエルは今でも、水を求めて井戸掘りを続けていることになるが、現地の人の場合、近くにダムができ灌漑設備が整い、このような井戸（現地語でカシンバス cacimbas と呼ばれる）を掘る必要はなくなっている。ジャレドらが現地調査を行った場所は、リオグランデ・ド・ノルテ州のアンジコス（Angicos）（2 章-2、図 13 参照）周辺である（5°39'43''S, 36°36'17''W）。ここは自然保護されている地域だが、インターネット上で地図検索して、この地点を見てみると、現在は宅地化がかなり進んでいることがわかる。

第 2 章で、脱水を防ぐために脱皮した皮膚を重ねて繭を作るヤノスバゼットガエルを紹介したが、カーティンガのカエルは繭作りをしない。乾季（冬）にカエルの行動を調べようとして、砂地を掘ると簡単に崩れてしまう。そのため、地中での行動ははっきりしないが、徐々に地中深く向かい、湿り気を求めて動き回って（上下、左右へ）いるらしい。そのため、繭はその妨害になるので、作らないのではと想像される。川の底の湿った砂の層を見つけることを生き延びる手立てとしているといえるだろう。カーティンガのカエルは水の所在を感じとる力があるのだろうか。

カーティンガでジャレドらが調べた 3 種はいずれも、上記のように乾季は地中に潜って生き延びる。砂の中へ潜るのが得意で、角質化して固くなった後肢をうまく使って、からだが完全に見えなくなるまで、後ろ向きに垂直方向に潜る。この後肢は平らで、スキのかたちをしている。これは2章-3で紹介したコーチスキアシガエルと同じ特徴である。

調査した3種は体長3〜5 cmの小型のカエルだが、ツノガエルモドキ属の1種は比較的大きい（図29 Ⓐ 右端のカエル）。手でつまみ上げた時に、総排泄腔から尿を出す量が最も多かった。これらのカエルの腹部の皮膚を調べると、いずれもアカモンヒキガエルと共通する特徴が見られる。赤みがかった透明感を示す皮膚が下腹部と大腿部に広がっている（図29 Ⓑ）。地中では前方開脚姿勢をとって、この皮膚を湿った地面に密着させているのだろう。ジャレドらは皮膚の横断切片を作り、顕微鏡で観察している。表皮の層は薄く、直下の真皮層に分布する血管は、他の領域とくらべ発達していると報告している。しかし、どの程度、水を通過させやすいのか、実験室で水分を吸収させ測定するなどの検討はしていない。カエルの行動の研究と生理学とはなかなか交わらない。

2. 危険な水と安全な水を見分けるカエル

アメリカの南西部やオーストラリアに広がる砂漠地帯では、降雨があるのは1年のうち限られていて、その時期は不規則にやって来る。そこでカエルたちは必死で水を吸収する、あるいは体内に貯えるなどのさまざまな手段を駆使していた。しかし、砂漠地帯で一時的にできた水溜まりの水は、カエルにとって必ずしも最適ではない。砂漠地帯の沼や湧水が海水の10分の1程度の塩分を含んでいることは珍しくなく、沼が干上がり白い塩分が析出しているのはよく見られる光景だ。ちなみに、海水には3%（=470 mM）を越える食塩（NaCl）が含まれている。食塩を多く含む水（浸透圧が高い）がカエルの皮膚に長く触れていると、体内の水分はからだの外へ流れてしまい、カエルにとっては危険だ。3章-2で解説した浸透圧を思い起こしてほしい。

図 30　食塩水に触れると逃げ出すアカモンヒキガエル

食塩水に対しカエルはどのように行動するだろうか。それに答えるため、ネバダ大学のヒルヤードはモハベ砂漠に生息しているアカモンヒキガエルの行動を調べた。その手法は 18 世紀の末のタウンソンの手法（3 章–1）とほぼ同じだが、ろ紙に含ませる液体は水ではなく食塩水（250 mM NaCl）にしたところが違う。実験の前日に水から離して脱水状態したアカモンヒキガエルをろ紙の上に静かに置くと、カエルは下腹部の皮膚を食塩水に接触させるが、前方開脚姿勢をとらずに、すぐに逃げ出してしまった[41]（図 30）。この食塩水はアカモンヒキガエルの体液の浸透圧の約 2 倍の浸透圧を持つ。だから、カエルの体内の水分が出て行ってしまう恐れがある。

食塩水を避ける行動はアカモンヒキガエルだけではなく、アリゾナ州に広がる砂漠地帯であるソノラ砂漠（1 章–2、図 3 参照）に生息するコロラドリバーヒキガエルでも観察されたので、砂漠のヒキガエルに共通して見られる行動と考えられる。

250mM の食塩水はヒトが口に含むと、塩味がしっかり感じられ、そのまま飲めるような心地よい塩味ではない。アカモンヒキガエルは食塩水を口に含んだわけではないのに、どうして塩味がわかったのだろうか。カエルの皮膚は脊髄神経（脊髄から出発して皮膚へ伸びている末梢神経の名称）に支配されている。そこで、私たち（筆者とヒルヤード）は麻酔した砂漠のヒキガエルから脊髄神経の活動を記録する生理学実験を行った。その結果、食塩水を皮膚に接触させると脊髄神経が活動することがわかった*。

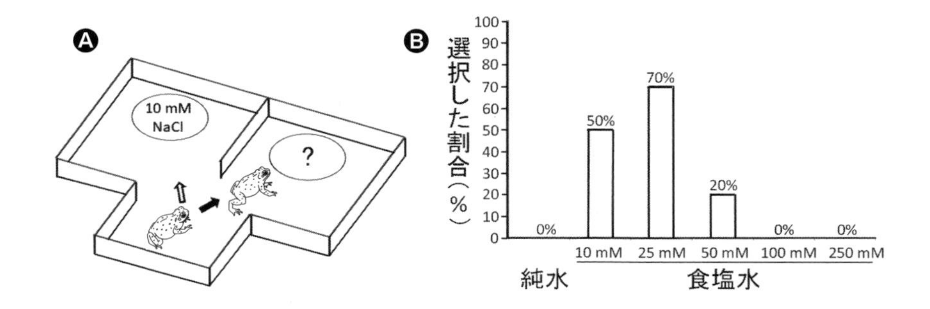

図31　アカモンヒキガエルが好む食塩水の選択実験

Ⓐ：T字型迷路（説明は本文参照）
Ⓑ：選択の程度を割合で示したグラフ
50%以上は10mMの食塩水と比べて好んで飲んだこと、50%以下は嫌って避けたことを表す。純水が最も好まれたわけではなかった

この結果はヒトとカエルを比較すると興味深い。われわれは海水浴の最中に海の水は塩辛いとは感じないが、カエルにはそれがわかるのだ。私たちはこのカエルの皮膚には塩味を検出する感覚受容のしくみがあると考えている。

＊脊髄神経の活動を調べた実験は、拙書、長井2015[21]で紹介してあるので参照していただきたい。

さて、アカモンヒキガエルでの行動実験では、そのお腹を250 mMの食塩水にいきなり接触させたのだから、カエルは単に驚いただけではないか、という批判が出よう。そこで、ヒルヤードはもう少し工夫を加えた実験を行っている[42]。実験動物に判断をさせて、その結果起こる行動を観察するのだ。動物の行動実験でよく利用されるT字型迷路を用意した（図31）。

アカモンヒキガエルをあらかじめ脱水状態にしておき、2カ所の囲まれた領域の手前に置く。カエルの前方は2つに区分されていて、それぞれに浅い皿を置く。左の皿には濃度の低い食塩水（10 mM）を入れ、右の皿には次のような試験液の1つを入れる。カエルがどちらを選んで前進し、皿の上で前方開脚姿勢を始めるかを観察する。カエルは試行錯誤を繰り返すので、前方開脚姿勢を 20 秒以上続けた場合、その試験液を選択したと判定する。右の皿には次のいずれかの試験液を入れる。純水および、濃度を 5 段階変えた食塩水（10, 25, 50, 100, 250 mM）の 6 種類である。それぞれの試験液を選択した割合をプロットした（図 31 Ⓑ）。

濃い濃度の食塩水（100, 250 mM）は明らかに嫌われている。これらは体内の水を奪ってしまう、危険な水であると判断されたのだ。アカモンヒキガエルは脊髄神経の活動を頼りにして、このような判断をしたのであろう[43]。しかし、安全であるはずの純水を選ばずに、食塩を少し含む 10 mM や 25 mM の食塩水を選んだ。これはなぜだろうか。体内へ取り込みたいのは水なのに。食塩が必要なのだろうか。この点については、ある程度の説明ができるので次の節で示そう。

もう 1 つ、疑問点がある。カエルは T 字型迷路の出発点に置かれて、そこから前進した。前進した先にあるものが純水か塩水かは、お腹で触れてみないとわからないが、水分があることは確かだ、それがどうしてわかるのだろうか。これは、ブラジルのカーティンガという半乾燥地帯に生活するカエルたちの行動についてもあてはまる疑問だ（6 章-1 参照）。アカモンヒキガエルの行動実験を行ったヒルヤードは、カエルは湿気がわかるのだろうと推論しているが、カエルが湿気を感じ取る感覚受容器を持つかどうか、検証した実験はない。

3. かすかな塩味が好まれる理由

なぜ、低濃度の食塩水（10, 25 mM）が好まれたのかを考えるためには、カエルの皮膚には水を通すチャネル（アクアポリン、第4章参照）だけでなく、ナトリウムイオンを通すチャネルもあることを付け加えなければならない。実は発見の歴史からいうと、このチャネルはアクアポリンの発見よりも20年も前に明らかにされているのだが、読者の皆さんに楽に読み進んでいただくため、説明を後回しにしておいたのだ。食塩水に含まれるナトリウムイオンがこのチャネルを通ってを浸透していき、脊髄神経を活動させる刺激になる。これによって、カエルは食塩水に触れていることがわかるのだ[43]。

ナトリウムイオンを通すチャネルというと、高等学校の生物学教科書で習うナトリウムチャネルを思い起こす読者が多いだろう。しかし、高等学校で習うナトリウムチャネルは神経や筋肉の細胞で機能しているもので、カエルの皮膚で働いているイオンチャネルはそれとは別物だ。後者を上皮性ナトリウムチャネルと呼んで区別している。

カエルの皮膚を通しての水の移動に関して、3章-2では“キュウリの塩もみ”という身近な比喩での説明で済ませておいたが、ここではアクアポリン、そしてナトリウムチャネルの2つを使って、もう少し詳しく説明しよう。

浸透圧の力によって水はアクアポリンを通して体内へ移動し始めるが、時間の経過にしたがって少しずつ移動しにくくなる。それは、体液*にはいろいろな物質が溶けているが、その濃度は流れ込む水によって少しずつ下がり、外部と体液との濃度差が減るからだ（図32Ⓐ・Ⓑ）。これではカエルは皮膚を通して水を吸収し続けることはできなくなる。

では、どうすればカエルは水を飲み続けられるのだろうか。浸透圧による水の移動の結果、濃度が低くなってしまうのだから、はじめの状態（図32Ⓐ）のように体液の濃度を高く保てばよい（例えばナトリウムイオン濃度を120 mMにする）。それを可能にしているのが、ナトリウムポンプ**と呼ばれるしくみだ。濃度が下がってしまったところへ、ナトリウムイオンを注入するので、このしくみをポンプと表現している。

皮膚の外側の体液中に少量のナトリウムイオン（例えば50 mM）があれば、上皮性ナトリウムチャネルを通って、皮膚の細胞内へ入って行くはずだ。*** しかし、カエルの体液のナトリウムイオン濃度は高い（120 mM）ため、このままでは入っていけない（図32Ⓒ）。なぜなら、ナトリウムイオンの移動は拡散という物理的な力（ナトリウムイオンの濃度が高い方から低い方へ向かう力：120 mM → 50 mM）によって、起こるが、逆方向（50 mM → 120 mM）には働かないからだ。そこで、拡散に逆らってナトリウムイオンを運んでくれるしくみが必要になる。これがナトリウムポンプなのだ（図32Ⓓ）。**** このポンプは拡散に逆らってナトリウムイオンを移動させるので、エネルギーを必要とする。この点で、上皮性ナトリウムチャネルを通るイオンの移動とはしくみが異なる。

カエルの皮膚での水の移動にはナトリウムイオンの移動が連動していることが理解できただろうか。少量のナトリウムイオンが皮膚の外部にあれば、これをナトリウムポンプによって取り込むことは、水を吸収するためには有利に働くはずだ。これが低濃度の食塩水が好まれる理由と考えられないだろうか。

＊厳密には体液には細胞内液も含まれるが、本書ではわかりやすくするために体液＝細胞外液として説明している。細胞外液は細胞同士の間に含まれている間質液と血液中の液性成分である血漿を合わせたもの。

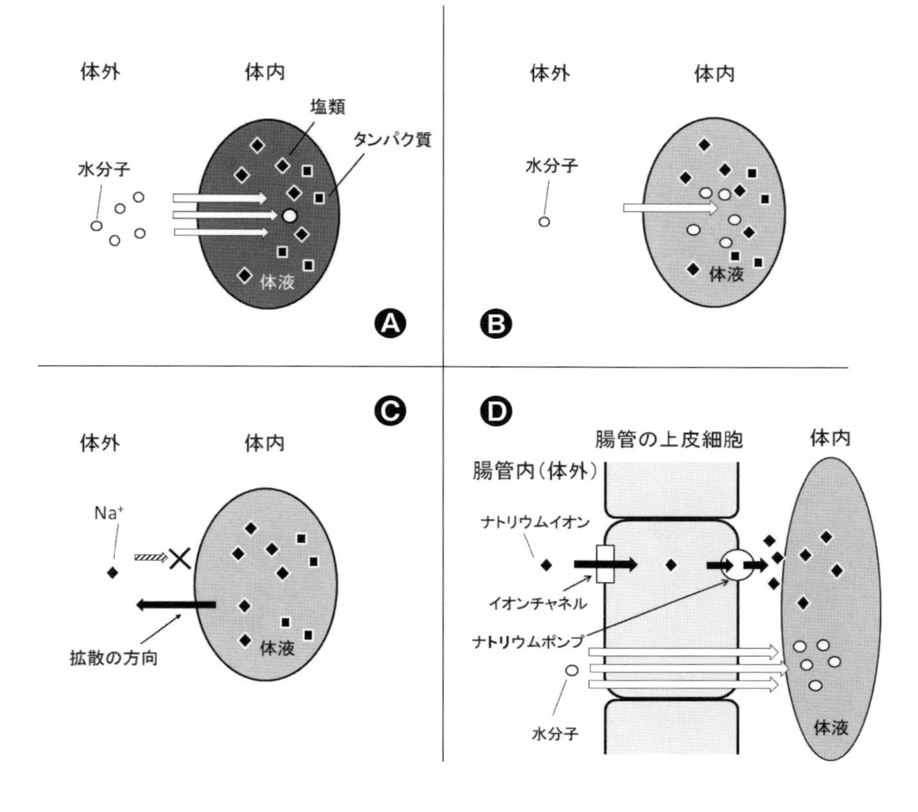

図 32　カエルの皮膚における水吸収のしくみ

Ⓐ：浸透圧によって水分子は体内へ移動する
Ⓑ：体内へ水分子が移動した結果、体液中のナトリウムイオンなどの濃度は下がる
Ⓒ：濃度が下がったとはいえ、体内のナトリウムイオン濃度は外部より高いので、体外へ拡散するが、逆方向（体内へ）には移動できない
Ⓓ：Cのような状態であっても、ナトリウムポンプが働くとナトリウムイオンは体内へ移動できる

** デンマークのウッシングという研究者による 1951 年の発見[44]。
*** 3 章 - 2 の“キュウリの塩もみ”の比喩では、キュウリの細胞にはナトリウムチャネルはないと考えていたので、移動するのは水だけだった。
**** 図 32 Ⓐ、Ⓑ、Ⓒでは説明を容易にするため体液は 1 枚の膜で囲まれているかのように描いている。一方、図 32 Ⓓではナトリウムチャネルとナトリウムポンプが“1 枚の膜”を構成している細胞のどの部分にあるのかも示してあることに注意してほしい。この細胞は腸管の上皮細胞と D 図に示してあるのは、ヒトが下痢を起こした場合の説明に合わせたためだが、カエルの上皮細胞としても説明の趣旨は変わらない。皮膚の細胞の内部のナトリウムイオン濃度は 10 mM 程度と低いので、25 mM や 50 mM の食塩水のナトリウムイオンは細胞内へ入って行けるが、それをさらに体液中へ移動させるためにはナトリウムポンプが必要になる。

ナトリウムポンプは ATP *という化学物質の分解によってエネルギーを得て、ナトリウムイオンを移動させている点で、拡散という力による移動とは異なる。ナトリウムポンプの働きで、積極的にものを移動させるという意味を込めて、生理学用語ではこのようなしくみを能動輸送と呼んでいる。これはヒトのからだのさまざまな組織、細胞で働き、生命維持に不可欠である。例を挙げておこう。

夏の暑い日、水分不足になった時、水をたくさん飲めばよいのではなく、スポーツドリンクを飲むことが推奨される。水だけを多量に飲むと、体液の浸透圧を下げることになり、水はかえって吸収されにくくなってしまうからだ。ナトリウムイオン（食塩が水に溶けて生まれるイオン：$NaCl \rightarrow Na^{+} + Cl^{-}$）を少し取り込むのがよいことは、これまでの解説で想像できるだろう。

ひどい下痢を起こし、脱水状態に陥った時にも、同じことが奨められる。この場合は飲料にはナトリウムイオンだけでなく、糖類（特にブドウ糖：グルコース）も溶かしておくとさらによい。腸管（小腸、大腸）の上皮細胞には、ナトリウムポンプ（図 32 Ⓓ 参照）のほかにグルコースといっしょにナトリウムイオンも取り込むしくみがあるからだ。体内へ取り込まれたグルコースはエネルギー代謝によって ATP を作る原料になり、一石二鳥の働きをしてくれる。

＊ 1 章−5 で簡単に説明してある。

第7章 飲めない水でも我慢する

1. 海の近くにすむカエル

本書ではカエルを取り巻く環境の違いから、その生活様式を水生、半水生、陸生、樹上生に分けて紹介してきた。しかし、ここでもう1つの生活様式、汽水生を追加しておこう。“汽水”とは塩分（食塩）が含まれているが、その濃度は海水ほど高くはない水のことである。汽水は川や湖が海に接するところででき、塩分濃度がほぼ0.5～1.5%の場所を汽水域と呼ぶ[3]。これより塩分濃度が高いと海水となるが、その濃度は地球上の海域によって変動する。ふつう3%の塩分を含むものを海水と呼んでいる（6章-2参照）。

多くの種類のカエルは淡水に恵まれた環境で生活していて、汽水域では

図33 カニクイガエル

生きていけない。体内の水分を失ってしまうからだ。しかし、ベトナムの南部やタイには汽水域にすむカエルがいる。カニを好んで食べることから、カニクイガエル（*Fejervarya cancrivora*、英語名 Crab-eating frog）と呼ばれている（図 33）。その胃袋を調べると内容物の半分以上はカニだそうだ[12]。

血漿中の食塩の濃度について、半水生あるいは陸生のカエルと比較すると、カニクイガエルは食塩濃度が 2 倍くらい高い。カニクイガエルが汽水域で生きていける理由をさぐるため、これを実験室に持ち込んで、さまざまの濃度の食塩水に入れてしばらく順応させてから、血漿に含まれる食塩と尿素の濃度が測定された[45]。すると、血漿の浸透圧濃度*（この実験では食塩と尿素をあわせた濃度）は順応液（食塩水）の浸透圧濃度の増加と並行して増え、常にその濃度より高かった[3]（図 34、図中に付した上向きの矢印に注目）。これは体内の水分を失わなくてすむように、カニクイガエルが血漿の濃度を高いレベルに保っていることを意味する。このようにすれば汽水域のなかでも真水を飲む（皮膚を通して！）ことができるのだ。

カニクイガエルは最大 2.8% の塩分濃度の環境のなかで生き延びることができたが、好まれる食塩水の濃度を行動実験で調べると、1.8%（307 mM）以下と低くなった。それでもこの濃度は、アカモンヒキガエルがお腹で水分を吸収するのをやめ、逃げてしまう時の食塩水の濃度（250mM）

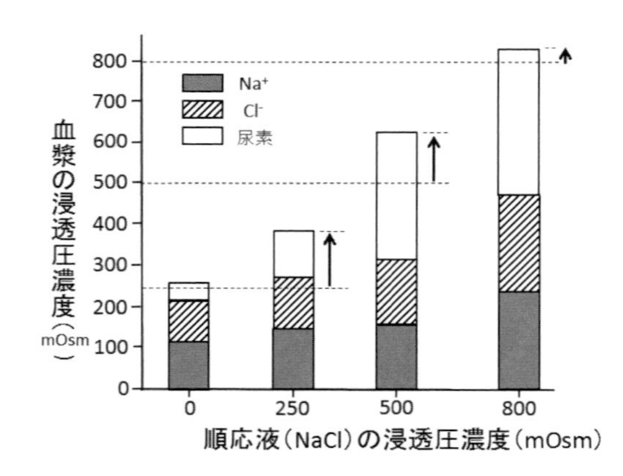

図 34　高濃度の食塩水に入れたカニクイガエルに起こる血漿濃度の変化

より高いことに注目してほしい（6 章-2 参照)。カニクイガエルは我慢強いカエルなのだ。

＊ある物質が溶けている溶液の浸透圧は、その溶液中にどのくらいの数の分子やイオンなどの粒子が溶けているかによって決まる。この粒子の数を Osm（オスモル）という単位であらわす。この単位は高校の化学で習うモル濃度とは異なることに注意。例えば、250mM の食塩水に含まれる粒子は Na イオンと Cl イオンの 2 種類あるので、この食塩水の浸透圧の大きさは 500mOsm（ミリオスモル）となる。カニクイガエルの血漿中には尿素がたくさん含まれている（通常 350mM）ので、この濃度も加えた値が浸透圧濃度となる。なお、血漿にはタンパク質など、そのほかの粒子も含まれているが、カニクイガエルの実験ではそれを考慮していない。

2. 縄張りを広げる強力なカエル

本書ではここまで、厳しい環境の中で守りの態勢を取るカエルばかりを紹介してきた。地球の温暖化と人間の活動に起因する環境の悪化の結果、カエルを含む両生類は、その個体数の減少の危機が叫ばれている[23)]。だから、カエルはいたわって接するべき動物には違いない。しかし、そんな弱弱しいカエルとは逆に、攻めの態勢をとっているたくましいカエルがいる。生息範囲を広げ個体数も増やし続けているので、生態系を壊しているとも名指しされる評判の悪いカエルでもある。そのカエルはオオヒキガエルで、耳のすぐ後ろ、肩につながる部分に毒を含む大きな耳下腺（じかせん）をもち、面構えも挑戦的だ（図 35)。本書で度々登場ずみだが、実験動物としての説明で、行動や生態には言及してこなかった。本書の本筋と少し離れてしまうが、その行動は興味深いので紹介しておく価値があるだろう。

オオヒキガエルは生息数が減少するどころか、逆にオーストラリアを中心に生息範囲を広げている。英語圏では Marine toad、Cane toad のほか多くの英語名で呼ばれている。1 つ目の英語名にある marine はこのカエルが汽水に産卵することに由来し、カニクイガエルと共通する生態をもつ。cane のもつ意味については読み進んでいただければわかる。

もともとの生息域は南米と中央アメリカの温帯、亜熱帯、熱帯地域、さらにメキシコも含む広い領域だが、今では世界中に広がっている。日本では小笠原諸島などにいる。それは次のような人為的な移植の結果だ。このカエルが農作物に有害な昆虫をたくさん食べることが 1932 年に公表されてからすぐ、害虫駆除の目的でハワイとフィリピンに導入してみると、急速に個体数が増え繁殖力が強いことがわかった。これを知ってオーストラリア政府は、サトウキビ（英語では sugar cane）の根を食い荒らし枯らしてしまう Grayback beetle（甲虫類）という有害昆虫を駆逐する目的で、このカエルを導入することにした。ハワイで捕まえた 102 匹のオオヒキガエルを 1935 年にクイーンズランド州（北東部の州）に持ち込んだ。

オオヒキガエルは成長すると体長 23 cm にもなり、頑丈な体格を持ち、昆虫だけでなく、多くの種類の動物も食べ食欲旺盛なので、害虫を食べつくすことが期待された。しかし、目的は達成されなかった。オオヒキガエルは直射日光を嫌い、畑に生えているサトウキビに近づくものは少なかったのだ。一方で、食欲を満たすため有害昆虫に対する天敵まで食べてしまい、逆効果も生んだ。このカエルの生態学をよく学ばずに導入を図ったのがいけなかった。

オオヒキガエルは外敵に驚かされると耳下腺から黄色の分泌液を 1 m も噴き出し、これがヒトの眼に入ると強烈な痛みを引き起こすという。そのため、このカエルを食べた飼い猫や犬が死んでしまうという苦情も出てきた。しかし、毒はそれほど強くないようだ。ニワトリやマングースはこのヒキガエルを平気で食べてしまう。

オオヒキガエルの当初の導入目的は達成されなかったが、利用価値がなかったわけではない。1950 年頃からオオヒキガエルを大量に採集し、学校の教育材料と医療および研究材料として、広く利用されたのだ。生物学の解剖実習での利用は日本でのウシガエルと同じ位置づけだろう。医療とは妊娠した女性の診断用だ。妊婦の尿をカエルに注射すると、何とカエルが卵を産んだ。尿中には性腺刺激ホルモンが含まれているのでカエルの排卵がおこったのだ。これを妊娠の有無を診断するのに利用した。実は、この診断法はオオヒキガエルを使って初めて行われたのではない。性腺刺激ホルモンによるカエルの排卵誘導は 1931 年に、アフリカツメガエルを用いて最初に発見され[46]、診断に利用されていたのだが、オーストラリアではオオヒキガエルが診断用の実験動物だった。とにかく簡単に手に入るからだ。もちろん、この診断法は現在、使われていない。しかし、研究材料としては今も健在だ。アメリカ合衆国では、アフリカツメガエルと並んで、実験動物の扱い業者を通して簡単に手に入るカエルの代表となっている。

オオヒキガエルがオーストラリアで初めて導入された当時、それが生み出す生態系の影響など考えず、個体数の調査もしなかったのが失敗の原因といえる。しかし、最近はオーストラリアの固有種を保護する運動の高まりに合わせて、オオヒキガエルの動向に関心が向けられている。1970 年代にはクイーンズランドの海岸部にしか分布していなかったが、今世紀ではクイーンズランド州の 7 割、西隣のノーザンテリトリー（ダーウィン市がある）の 3 割の面積にも広がっていることが調査されている（3 章-5、図 23 参照）。そして、既存のカエル種を食べ尽くすだけでなく、オーストラリア人が大切にしている有袋類の 1 種、ヒメフクロネコ（*Dasyurus hallucatus*）までも食害にあっているという[47]。おとなのヒメフクロネコはオオヒキガエルより少し大きいのだが、食べられてしまうとは本当だろうか。

図 35　オオヒキガエル

第8章　オタマジャクシが直面する危機

本書の冒頭で取り上げた芭蕉の句を講評するよう先生に求められ、池に飛び込んだら音がするのは当たり前、俳句では説明は無用ではありませんか、と答えたらまたまた叱られるだろうか。カエルはオタマジャクシの間は池の中にとどまるが、成長しカエルになったら、あとは必要に応じて池に飛び込む、というのがカエルの基本的な生活スタイルだ。しかし、大人になってから飛びこむつもりだった池がなくなってしまったらどうするのか。そのような事態が起こることを目の当たりにした筆者の体験を披露しよう。

1. ソノラ砂漠で目にした干上がったオタマジャクシ

本書の6章-2ではアカモンヒキガエルを使った行動実験を紹介した。私たち（筆者とヒルヤード）は、そのような行動実験を、もう1種の砂漠のヒキガエルであるコロラドリバーヒキガエルでも行っている。このヒキガエルはラスベガス近郊ではなく、アリゾナ州の南西部に生息しているので、実験に使うためこのカエルを採集に出かけた。

7月のある日、私たちはアリゾナ州のツーソンの空港で大きなピックアップトラックを借りて、ツーソンから南西へ86号線を走りメキシコ国境を目指した。そのためにはこのまま真っ直ぐ行くべきなのだが、右へ曲がり北上した（図36）。この先に有名な国立公園（Saguaro National Park）があるので寄り道して行こう、というヒルヤードの提案に従ったのだ。道の脇に林立する、といってもまばらであるが、ヒトの背丈よりはるかに高いサボテンに目を奪われているうちに国立公園の入り口に着いた。公園内には少し小高い場所にあるので、周りのすばらしい景色が見渡せる。

われわれ日本人は砂漠というと童謡にある“月の砂漠”のイメージを持ちがちだ。本書で使っている“砂漠のヒキガエル”という表現も誤解を招くかもしれない。その生息地は乾燥地帯であって、アラビアにあるような砂漠ではない。サボテンは砂漠と結びついて受け取られるが、サボテンは見渡す限り砂地が続くような地帯では育たないと思う。私は植物生態学者ではないので断言できないが。サボテンが多い南西アリゾナは比較的雨が降る地域で、日本人がイメージする砂漠ではない。乾燥度でいうと、アカモンヒキガエルが生息するラスベガス近郊のほうがずっと高く、この公園周辺にあるようなサボテンはラスベガスでは全く見られない。よく見かけるのは本書の冒頭で紹介したリュウゼツラン科のユシュアノキだ（1章–2、図4参照）。

公園を出て、道を引き返し86号線に戻り道の両側の背の高いサボテンを眺めながら進んだ（図37 Ⓐ）。しばらくして左折し286号線をまっすぐ南へ、メキシコ国境を目指した。この一本道の両側にはビール樽のかたちをしているバレルカクタスは見かけたが、先ほど見た背の高いサボテンは見られなかった（図37 Ⓑ）。低い灌木と草がほとんどといってよい。微妙な植生の違いが面白い。ここはサボテンが生育するのには湿り過ぎなのかもしれない。

道路は起伏に富んでいて､低いところでは道路が冠水していた。確かに、一時的な強い雨が降るようだ。道路の左手、286号線の東側が野生動物保護区になっている。ここにコロラドリバーヒキガエルがたくさんすんでいて、この道路が採集場所だとヒルヤードはいう。しかし、ときどき車を停めて見渡したがカエルは1匹も見られなかった。

この道路はササベ（Sasabe）という村に行きあたり、そこでメキシコ国境となるのだが、そのすこし手前にわれわれが泊まるゲストランチ（観光用の牧場を備えたホテル、客室は20ほど）がある。ここへは舗装道路から離れ、アメリカ南西部特有の赤茶けた泥道をゆっくり進んだ。泥道になるほど雨が降ったことを示すわけなので、ヒキガエルを採集するには良いサインだという。雨で彼らの活動が活発になり、草原から出てくるらしい。水

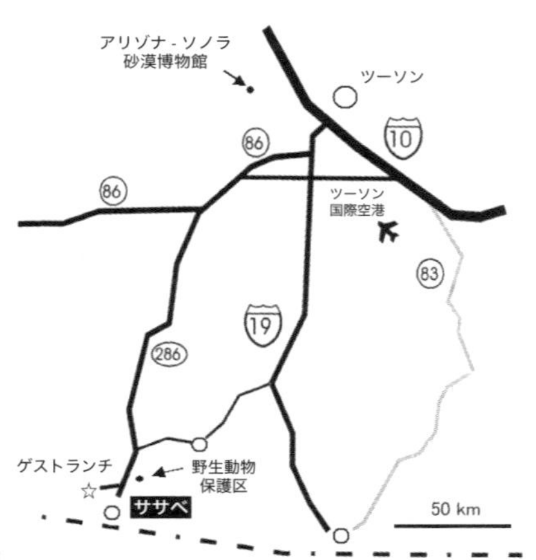

図 36　コロラドリバーヒキガエルのすみか
左：アリゾナ州とメキシコにまたがる生息領域
右：このカエルを採集した村、ササベ付近の地図

図 37　ソノラ砂漠のサボテン類
Ⓐ：背の高いサボテン　Ⓑ：バレルカクタス

図 38　コロラドリバーヒキガエル

図 39　野生動物保護区で起こったオタマジャクシの悲劇

Ⓐ：一時的な降雨によってできた池
Ⓑ：干上がった池
Ⓒ：カエルになる前に干からびてしまったオタマジャクシ

溜りはあちこちにあるが、カエルは1匹も見えない。

ゲストランチのオーナー夫妻はヒキガエルを採集しに来たわれわれを歓迎してくれ、牧場の周りの自然を説明してくれた。残念なことに、今年はヒキガエルをあまり見かけないという。実はこの牧場ではコロラドリバーヒキガエルは厄介者で、見つけ次第、柵の外へ放りなげるという（殺すまではしないらしい）。なぜかというと、このヒキガエルは鼓膜の後ろの皮膚に大きな毒腺を持っていて（図38）、牧場で使われている犬がこのカエルに噛み付くと、放出された毒のため死ぬこともあり、厄介者なのだ。

だが、驚いたことに、好んでこの毒を摂取する人々がいる。彼らはヒキガエルの皮膚を乾燥させ、刻んでマリファナのように吸い、夢の世界に浸るらしい。幻覚作用を起こす成分が含まれているため*、西海岸あたりからやってきた人々が違法に採集するので、生息数が減っているという。ヒキガエルは自己防御のために毒腺を身につけたはずだが、人間に対しては逆効果で、アメリカ政府の保護指定を受ける結果になったとは……、人間ほど悪い生物はいない。

＊この成分はメソキシ - ジメチルトリプタミン（5-MeO-DMT）[48]。
ヒトが口から摂取した場合には呼吸筋の収縮を引き起こして危険。

翌日の朝、ゲストランチの周りの水溜りを見て回った。雨で一時的にできたものや、家畜のために人工的に作ったと思われるものがいくつかあった。オタマジャクシのいる直径10 mくらいの池があったが、ここにいるのは採集目的のヒキガエルのオタマジャクシではなかった。そこで、286号線の脇に広がる保護区を訪ねることにした。

ゲストランチを出て道路を北へツーソンの方向へ向かうと、道路脇に大きな看板が立っているので保護区の事務所はすぐ見つかった。係員に持参した採集許可証を見せた。合衆国内務省が発行したこの書類にはコロラドリバーヒキガエルを20匹、この保護区（Buenos Aires National Wildlife Refuge）で採集してよいことが記されている。そのほか、許可を受けた者の名前、住所、許可の有効期間、研究目的が事細かに記載されている。許可を受けたことを明示しないと、採集した動物を使って得られた研究成果を論文発表できないので、われわれにとって必須の手続きである。

道路のはるか先を見ると黒い雲が低くかたまっている。その雲から地面へ向かって垂れ下がるように灰色の線が延びている。その周辺だけ雨が降っているのである（図39Ⓐ）。広いアメリカならではの光景だ。こうして周りを見渡してみると、結構、緑の草木は生えているし、地面には雨の跡もある。それほど乾燥している印象は受けなかった。ヒルヤードは、南アリゾナでは夏はメキシコ湾から湿った風が吹き、雨を降らせるが、降り方はあのように場所によって限定的で、ここにすむ生物、とくにカエルには過酷な環境なのだ、と説明してくれた。この時は納得できなかったのだが、納得させてくれる光景にすぐに出くわすことになる。

保護区内の奥へ1～2km進んだところで車を止め、脇道へ入るとすぐに水溜りが見えた。水は少しで浅い。ヒルヤードの説明では最近降った雨によるものだという。オタマジャクシを求めて覗き込んだが2、3匹しかいなかった。しかし、彼は道の反対側のくぼみを見ろという（図39Ⓑ）。こちらには水は溜まっていないので、何を見よというのか、不思議だった。彼はもっとよく見ろという。近寄ってみると少し黒いものが集まっていた。さらに、近寄って見ると何と、黒い塊は死んだオタマジャクシの集まりだったのだ（図39Ⓒ）。オタマジャクシがカエルになる前に、池の水が干上がってしまったに違いない。よく見ると死んだのは2、3日前のことらしい。オタマジャクシはまだ生乾きだった。くぼみの真ん中に集まっているのは池が徐々に干上がって行ったことを示している。黒い塊の中には肢は十分できているが、まだ尻尾が残っている段階のオタマジャクシも混じっていた。水から陸に上がる直前で、予定より早く水がなくなってしまったのだ。ローマ時代に火山灰に埋もれたポンペイの発掘現場の超ミニアチュア版を見ているようだった。

だが、嬉しいことにオタマジャクシは全滅したわけではなかった。周りをよく見ると、動くものがいた。乾いたくぼ地に足を一歩一歩踏み入れるたびに、黒い小さなものが一斉に動いた。小さなカエルである。水が干上がるほんの少し前にカエルになれた幸運な子供たちだ。

干上がったオタマジャクシと幸運な小ガエルはあちこちにいたが、コロラドリバーヒキガエルの産卵時期は今より 1、2 カ月早いので、その子供達ではないだろうと、ヒルヤードの説明だった。この保護区に生息するカエルのように、降った雨で一時的にできた池で産卵し孵化するものは、できるだけ早く変態が進むことが必要だ。多くの種類のカエルのうちで、乾燥への適応度がとくに高いといわれ、アメリカ南西部に生息するコーチスキアシガエル（2 章–3 参照）は、降った雨が大地にしみこんでしまう前に大人になって陸生生活を始め、早い場合たった 8 日余りでカエルになってしまう。日本でふつうに見られるカエルはオタマジャクシからカエルへ変態完了するまで、1 カ月以上かかる*。

＊松井[49]によれば、変態完了に必要な日数は次の通り。ニホンヒキガエル：1 〜 3 カ月、ニホンアマガエル：1 〜 2 カ月、トノサマガエル：約 2 カ月、ウシガエル：2 カ月以上、モリアオガエル：1 カ月以上。ウシガエルとモリアオガエルでは越冬して成体になる場合があり、長期となる。

自然な状態でのコロラドリバーヒキガエルには、この日の夕食後、夜になってやっと対面できた。まず、ゲストランチで飼育している馬の厩舎の周りで見つけた。厩舎の建物には電灯が 1 つつけられていて、この明かりに集まってきた蛾と甲虫類を食べようと 10 匹近くのヒキガエルが集まってきた。ひっきりなしに飛んでくる蛾が誤って地面に落ちるたびに彼らは猛然と飛びかかり、見ていて面白い。このあと、今度は懐中電灯を持って 286 号線へ向かった。

車のヘッドライトで照らされている道路脇をよく見ていると保護区から出てきたカエルが見つかるらしく、車のスピードを落として進んだ。数分進んで、ヒルヤードは車を急停車させ、“ そこだ ”と叫んだ。それっとばかり、車を飛び出しヘッドライトに照らされた前方を見ると、黄緑色のあのヒキガエルが道路に座っている（図 40）。さっと素手でつかんだ。強力な毒腺があるのだが、実は非常に強くつかまない限り毒の放出はなく危険ではない。とはいえ、つかみ方は遠慮がちにならざるを得なかった。2 時間ほどの深夜のドライブで 15 匹のコロラドリバーヒキガエルを集め、宿へ戻った。翌朝、水で十分湿らせた砂を敷いたプラスチックのコンテナにこのヒキガエルを入れ、レンタカーで一路ラスベガスへ向かった。

図 40 道路上のコロラドリバーヒキガエル。小さなバッタ（矢印）も写っている。

ソノラ砂漠では、乾燥地帯に生息するカエルが直面する危機を目の前で見ることができた。雨季に一時的にできる池に産み落とされ、オタマジャクシとなったカエルの子供たちは、水面が徐々に下がっていくのを目の前にして、なすすべはないのだろうか。砂漠での観察と実験室での実験結果を紹介し、彼らの取る 1 つの戦略を示そう。

2. オタマジャクシは早くカエルになろうとする

ソノラ砂漠で見た干乾びたオタマジャクシの悲劇は、アメリカ大陸の乾燥地では頻繁に起きている。北米テキサス州南西部も、その 1 つ。そこにはコーチスキアシガエルが生息する。後肢をうまく使って穴を掘り、そこで暑さや乾燥を凌ぐ、あのカエルだ。

テキサス州、ビッグ・ベンド（Big Bend）国立公園内のトーニロー平地（Tornillo Flat, 29°25’51”N, 103°08’16”W）での観察実験を説明しよう。ここは堆積土砂でできた水気の少ない平地で、クレオソートノキ（常緑、ハマビシ科）やメスキート（マメ科）の低木のほか、ユッカやさまざまなサボテン類が生えている。気候は乾燥し、雨はおもに夏の数カ月の間に降る。その量は少なく（夏季の総雨量は 70 ～ 170 mm 程度）、しかも年ごとの変動が大きい。まとまった雨は夏の数回の豪雨によってもたらされる。雨は粘土質の平地を浸食し、地面にたくさんの浅い溝を残す。豪雨によって、この溝から溢れた水は池を作り、その池でスキアシガエルは繁殖する。繁殖行動は豪雨のあった日の夜に始まる。卵は池に向かって垂れ下がった植物の枝葉に産み付けられる。孵化は産卵後 30 〜 36 時間に起り、オタマジャクシが活発に動き回り始めるのは孵化の翌日である。

米国ペンシルバニア大学のニューマン（Newman）はこの平地で季節的にできる池でのオタマジャクシの成長を、3 年にわたって計 82 カ所調べたが、そのうちの 49 カ所で、池は変態が完成する前に干上がってしまった[50]。干上がる前にカエルになれても、外敵に捕食されたり、オタマジャクシの数が過密で十分成長できなかったりした結果、カエルのいる池はわずか 8 カ所だった。オタマジャクシは 1 割しかカエルになれなかったことになる。この 8 カ所の池で変態が完了するまでにオタマジャクシが必要な日数は、最長でも 13 日しかかからない。早い場合は 8 日であった。

乾燥によって池が干上がってしまうという環境の変化が起った場合、できるだけ早く変態を完了することがカエルの生存に有利であろう。8 から 13 日という変態完了日数は池の持続期間（水量が保たれている時間）に影響されるかどうかを探るため、次のような実験を行った。

前の年に調査を行った時と同じ場所に人工的に池を作り、その中でのオタマジャクシの成長を観察するのだ[51]。雨で浸食されてできた溝を人の手で広げ、長円形（1 × 2 m）の池を作った。トーニロー平地は粘土質なので水はさほど地面に浸み込まず、池の水の減少は蒸発によって起る。深さが 38 cm と 64 cm の 2 種類の池を作り、その持続期間をあらかじめ測っておくと、浅い池では 10 〜 11 日、深い池では 14 〜 15 日になった。

このような持続期間の異なる池を 6 個ずつ用意し、オタマジャクシの成長を観察すると、池の持続時間が短い池ではオタマジャクシの成長が 2 日早まり、カエルになることがわかった。池が乾燥する前にカエルになってしまおうとする、何らかの力が働いたのだろう。

この実験はカエルの生息場所に池を作り、自然に近い条件での観察なので、予期しない降雨のため水位が変動することがあった。また、池のかたちが保たれないなどの事故もあった。また、池の中での栄養条件を制御できないのは最大の欠陥で、得られた結果を定量的に評価できなかった。その点が改善された実験を次に示そう。

3. 実験的に繁殖池の水を減らしてみる

定量的な実験に使われたカエルはコーチスキアシガエルとは別の種類で、中南米のコスタリカに生息し、樹上生活をするギュンターコスタリカアマガエル（*Isthmohyla pseudopuma*）である（図 41）。このメスは強い雨の降った後にできる池や水溜まりに卵を産み付けるが、オタマジャクシが変態を終える前に産卵場所が乾いてしまうことがよく起るそうだ。だから、ニューマンが野外で行った実験の不備を補う実験としてここに示しても構わないだろう。

以下の観察実験は米国フロリダ大学のクランプ（Crump）が実験室で行ったものであるが[52]、このカエルの生息地の自然環境をインターネット上で眺めてみるために、コスタリカのモンテベルデの位置を記しておく（Monteverde: 10°17’27”N, 84°49’31”W）。

オタマジャクシを一定量（1500 ml）の水で満たした水槽に入れる。この水を蒸発による減少にまかせるのではなく、100 ml ずつ段階的に減らして

図 41　ギュンターコスタリカアマガエル

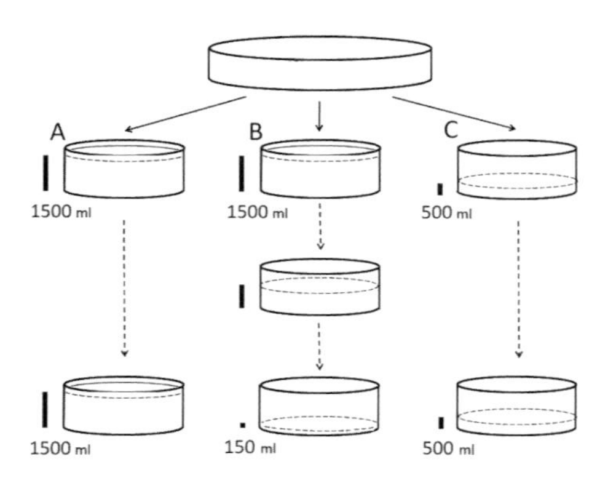

図 42　飼育水槽の水の量がオタマジャクシの成長に与える影響を調べる実験

1 匹の親ガエルが産んだ卵から孵化したオタマジャクシを大きな水槽で 5 日間、飼育してから、3 種類の実験水槽（A、B、C）に分けて飼育する

A：1500 ml の水を入れ、一定の深さを保つ
B：初め 1500 ml の水を入れるが、1 日ごとに水を減らしていく
C：初めから少ない水量（500ml）で飼育する

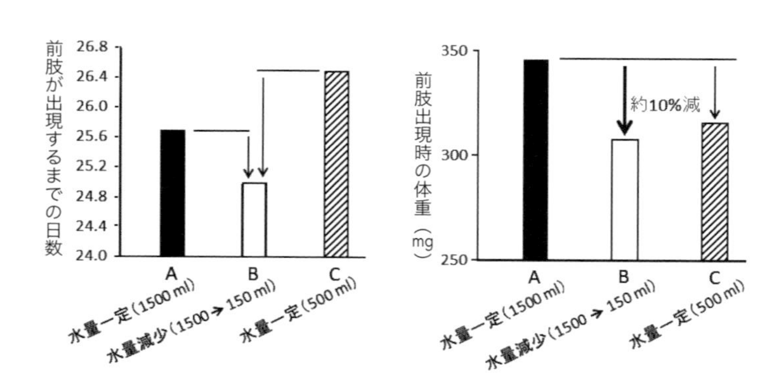

図 43　オタマジャクシの成長の測定結果

少しずつ水量を減らしていくと、オタマジャクシは早く変態したが（左図の実験群 B）、成長は悪く体重が減少していた（右図の実験群 B）

いく。最後にはオタマジャクシの背中がかすかに空気に触れるまで減らし、その間の成長を観察する（図42の実験群B）。比較対照として、水の量を1500 mlから減らさずに飼育する群（実験群A）と、初めから少ない量の水（500 ml）で飼育する群（実験群C）も用意する。このような生育条件は自然環境で起り得ると考えている。どのオタマジャクシも一定量の人工飼料を与え、成長を観察する。オタマジャクシの前肢が出て、水から出てきた時点で体重を測定する。

水槽の水が蒸発するという劣悪な環境に置かれたオタマジャクシ（B群）は前肢が出てくる（変態の開始）までの日数が、水量に変化がなかった実験群（A・C）と比べ短縮された（図43左図）。オタマジャクシは水槽の水が減り環境が悪くなると、そのような環境から一刻も早く逃れようとして、成長を早めたようだった。B群のオタマジャクシは十分成長しないで、体重が少ないまま変態してしまったが、体重の減少は水槽の水位が初めから少ない環境に置かれたC群のオタマジャクシでも観察されている（図43右図）。しかし、C群の場合、発生（変態）が早まることはなかった（図43左図）。

前肢が出てきた時点でのオタマジャクシの体重を比較するとB群は、水量が多く変化がない環境に置かれたA群より約10%も減少した（図43右図）。体重の減少は初めから水量が少なかったC群でも起っていた。なお、B群とC群のカエルは成長が悪かったが、これは水質が悪かったためではない。水槽の水は排泄物を除去するため毎日、交換している。

この実験を行ったクランプは、オタマジャクシは環境が乾燥へ近づいていくと、成長を犠牲にして変態を急いだ点を強調している。しかし、オタマジャクシの環境が乾燥に近づいたといっても、オタマジャクシは水中で生活しているので、空気の乾燥に気づいたわけではなかろう。B群のオタマジャクシは、水槽の水質が悪くなったため変態を急いだのではないならば、水の量が少しずつ減ってきたのを感知できたのではないか。オタマジャクシは水圧の減少を検出するしくみをからだのどこかに、例えば皮膚に持っている可能性はある。さらに、そのようなしくみがなくても、水位の低下によってオタマジャクシにあたる光が強くなることが成長を促したかもしれない。

第9章　卵は池に産み落とされるとは限らない

1. カエルの卵を乾燥から守る泡

北米の乾燥地帯でオタマジャクシの思わぬ悲劇が起きてしまったのは、産み落とされたカエルの卵の周囲に、十分な水が確保されなかったためだった。それならば、水ではないが、それに近い湿った環境の中に卵を産み落とすという手もある。湿った環境というのは“泡”である。そんなカエルとして、木の枝や葉に泡の混じった卵の塊を産み付けるモリアオガエルが有名で、カエルの本では必ず紹介されている。この泡は、卵が出てくる卵管から分泌される粘液に尿が加わって、できるそうだ[12)]。この卵塊のなかで孵化したオタマジャクシはこの中でカエルになるわけではなく、孵化後、1週間ほどで卵塊の直下にある池に落ちていく。この習性が関心を呼び、観察できる場所がインターネット上に紹介されている。卵の塊を“泡巣”と表現した書物もあるが、鳥類が作る巣とは大いに異なる。また、泡を利用するのはオタマジャクシの成長過程の一部分でしかない。もっと本格的な巣を作り、オタマジャクシを守るカエルの行動を紹介しよう。

2. 泥の巣を作ってメスの到来を待つオス

2章-4では、乾燥を防ぐため地中に潜り、そこで繭を作るユビナガガエル科のカエル2種を紹介したが、自分の安全ではなく子供のために地面を掘るカエルがいる。同じ科に分類されるが別の属に入るガマユビナガガエル（*Leptodactylus bufonius*）である（図44）。このカエルは地中に掘った穴の中に卵を産み、子供の安全を確保する。つまり、巣を作るのだ。この行

図 44　扁平な鼻先をもつガマユビナガガエル

動は、鳥類のつがいで観察されるオスとメスによる共同作業が含まれるので、多くの研究者の関心を集めている。ここでは 4 人の研究者（リーディング Reading[53]、ファッジョーニ Faggioni[54]、クランプ Crump[55]、フィリボジアン Philibosian[56]）の報告を取り上げて紹介しよう。

英国のリーディングが調査した場所は、アルゼンチンのコルドバ州（Córdoba）の北にあるドゥアン・フネス（Duán Funes）という都市から、さらに北へ上ったルシオ V マンシージャ（Lucio V. Mansilla）という村の周辺（29°48’S, 64°43’W）である（2 章-2、図 13 参照）。この近くにはサリナスグランデス（Salinas Grandes）があり、ここの白い砂漠を、写り映えする写真にしようと、世界中から観光客が集まる。

ルシオ V マンシージャは年間降雨量が 400 mm 以下で、サボテンや灌木でおおわれた半砂漠地帯である。気温の変動が大きく、乾燥した冬はマイナス 15°C にまで下がり、雨の降り方はまばらだが、時には大雨もある。調査地には、放牧している家畜用の水を確保するため人工的に作った池（楕円形で、例えば 75 × 32 m の広さのものなど）があり、そこがカエルの生息場所である。水深は雨季となる 12 月で 1.3 m ほどになる。

池の周囲は表土が固まっていて、丈の低い草木が生える草原と池との境目を作っている。気温が非常に高くなる夏の数カ月では、水分を含んで柔らかい土はというと、池の中心部に帯状（幅約 1 m）に残るだけとなり、水生植物はほとんど見られなくなる。この池とその周辺は、調査対象以外に 6 種のカエルが繁殖に利用しているのがわかった（その 1 つは 2 章と 3 章で紹介したソバージュネコメアマガエル）。

［巣の作り方］ 巣は池の端を囲む柔らかい泥のなかで作られる。調査は夏のひと月（12 月）の間、続け、作る途中あるいはすでに完成した巣を多数見つけた。しかし、巣の作り始めから完成までを追跡できたのは 2 個体だけだった。巣は夜中に作られ、それぞれ 70 分と 90 分でできあがった。巣を作ったのは 1 匹のオスである。オスは柔らかな泥をからだ全体で押しながらグルグルと動き回る。カエルの鼻先は硬い骨格を持つらしい、しかも扁平なので、これをシャベルのように使い泥を押し上げる（図 44）。泥は少しずつ積み上がり、カエルの動きとともにドーム状になっていく。オスはこのドームの頂上から地面へ潜りこみ出入り口を作る。出入り口は、ほぼ円形で、直径 2 cm ほどである。巣が完成するとオスは一旦、巣から離れる。戻ってくるのは早くて翌日の夜となるが、天気次第ではずっとあとになる。

3. 卵を産み落とした巣に蓋をするのはメス

これから先の行動について、リーディングは観察できなかったので、その後に調査したブラジルのファッジョーニの報告から、図を交えて説明しよう（図 45）。同じ種のカエルを観察したのだが、その場所は違うので、その情報を加えておこう。観測地点（21°42’39”S, 57°43’16”W）はパラグアイとの国境から 20 km ほど離れたブラジル南西部のマトグロッソドスル（Mato Grosso do Sul）である。ここには自然にできた一時的な池があり、池は草と泥に囲まれている。10 ～ 4 月の暑い雨季、5 ～ 9 月の乾季を特徴とし、年間の気温変動が大きい（0 ～ 49°C）。

オスが作った巣は外から見ると火山のように見える（図 45-❺）。この巣からいったん離れていたオスは巣に戻り、巣のそばで鳴き始めると、池からメスが現れる（図 45-❶）。メスはオスに対して求愛の声を発するよう促

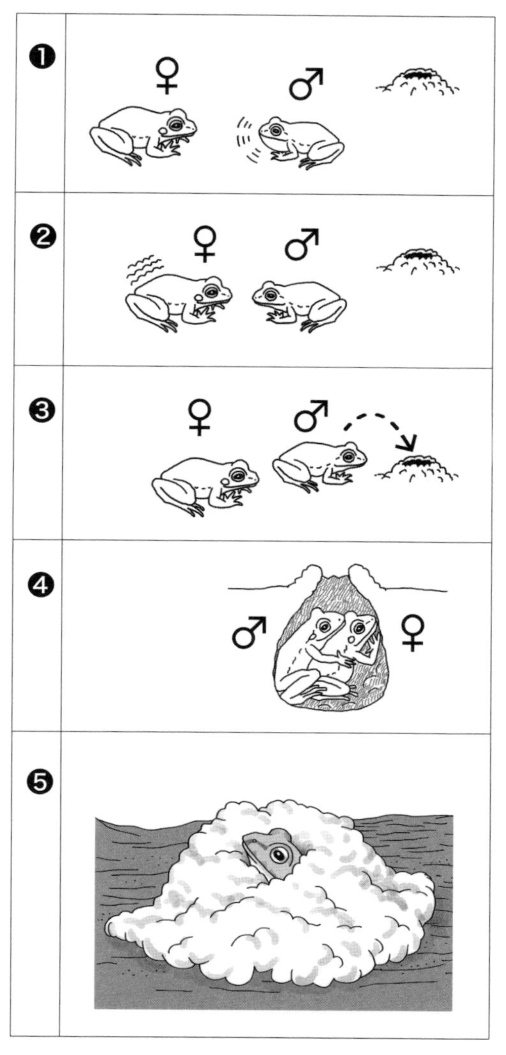

図 45　ガマユビナガガエルの配偶行動と巣から頭を突き出しているメス

❶から❹：オスが鳴き声でメスを呼び寄せてから交接するまでの行動

❺：メスのガマユビナガガエルが巣から頭を突き出している様子

す。メスはからだをすばやく振るわせる運動を開始する（図 45- ❷）。この振動はからだの前方から始まり、次に後方へと、波のように伝わる。続いてオスもメスと同じようにからだを振るわせる。次に、オスは巣の入り口の方へジャンプして移動する(図 45- ❸)。メスはオスのあとを追いかける。オスが先に巣のなかへ入り、メスはオスを追いかけて行く。交接と産卵は巣の中で行われる（図 45- ❹）。

卵は巣の中で産み落とされる。産み落とされると、オスは後肢を使って、卵を覆っているゼリー質をホイップし、ゼラチン状の泡にする。巣の内部はこの泡でいっぱいになる。産卵が終わるとオスは巣から出て行き、メスはその後に続く。メスには最後の仕事があり、それは巣の開口部に蓋をすることである。この仕事をするには外部の新しい泥が使われたが、その泥は地面の泥より湿っていた。この泥について、米国のクランプの報告は面白い。ガマユビナガガエルの巣作りを観察したら、メスは自分の膀胱に溜めた水を利用して泥を湿らせ粘り気を増し、蓋を作りやすくしていたそうだ。ここでも水がめとしての膀胱が活躍している。

卵は数日で孵化し、オタマジャクシになるが、彼らはどうやって巣から出てくるのだろうか。巣の出口はメスの最後の仕事によって蓋をされ、乾いて硬くなっている。メスはそばで待ってはいるが、オタマジャクシを助けるわけではない。オタマジャクシは雨が降って巣が押し流されるのを待つのだ。ここでは夏は強い雨が降るが、1 回降ると、次の雨は数週間後ということがある。お天気頼みで、無事に出てこられるのだろうか。

それについて、ファッジョーニはちょっとした実験を行っている。巣の周りの水位を人為的に上げてやり、強い雨が降った状態にしてみた。すると途端に巣は壊れ、中から泡に包まれたオタマジャクシが浮かんできた。泡は 3 分で消えてなくなり、オタマジャクシは自由に動きだした。

では、雨が来ない場合、オタマジャクシはいつまで待っていられるのだろうか。米国のフィリボジアンはこの点について調べている。卵で満たされた巣を壊さずに実験室へ運び、その後の経過を調べてみたら、オタマジャクシは巣の中で少なくとも 46 日間も待っていられたというから驚きだ。これならば雨に巡り合えそうだ。

第10章　水が豊富でも苦労する

第8章と第9章で紹介した北米と中南米のカエルの環境は、かなりの降雨量があるが、降り方が散発的なため、オタマジャクシにとっては必ずしも安全ではなかった。では、水が豊富にあればカエルの生活は安泰かというと、そうではない。

1. 渓流に生息するカエル

日本のトノサマガエルやウシガエルの環境は、安定した水の量が保たれ、水が流れることもない水田や池だ。産卵しオタマジャクシを育てるには安全といえよう。しかし、日本のカエルの中には種類は多くはないが、山間の渓流で産卵するカエルもいる。カジカガエル（*Buergeria buergeri*）やナガレヒキガエル（*Bufo torrenticola*）がその代表だろう。水の量は十分でも、彼らにとって流れがあることは産卵には危険要因となる。琉球列島に広く生息し、その分布様式や種の多様性の研究対象として知られるハナサキガエル（*Odorrana narina*）も渓流に産卵する。彼らの場合、粘着性のあるゼリー状物質で卵を覆うことで、卵を川底の石に付着させる工夫をしている。しかし、川の流れに抵抗できず、川の深みに溜まってしまうことが多いらしい[12]。

北米にも川に産卵するカエルがいる。オガエル（*Ascaphus truei*）はワシントン州やオレゴン州の標高1000 mを越える山間で、かなり流れの速い川の周辺に生息する。オガエルは急流で流されないような大きな岩の下に産卵するという[57]。この産卵場所は自然環境を利用したもので、次の節で紹介するカエルのように自分で用意したものではない。

2. 巣を作る巨大ガエル

一方、川のなかに産卵場所を“自分”で作るというカエルが、最近話題になっている[58]。アフリカにいるカエルである。そのカエルがすむ川は平坦地を流れるが、かなりの水量がある。そこで卵を守るため川の石を“持ちあげて”円形に並べ、そのなかを巣として使うという。それだけ巨大なカエルという噂だ。ベルリンの自然史博物館のカエル研究者であるレーデル（Rödel）は現地のカエルハンターから、このような情報を入手し、この真偽を確かめようと、調査チームを編成し、中央アフリカのカメルーンへ向かった。彼らの調査報告を紹介しよう。

彼らは西カメルーンのペンジャ（Penja）という町から 5 km ほど離れたところを流れるムプラ川（Mpoula river）で、川に沿って 400 m の長さの領域を調査エリアとした（4°38'15"N, 9°43'07"E）。川幅が狭く（5 m）流れが速いところでは、岩が多く小さな滝もあり、逆に川幅が広いところ（50 m）では流れはゆるやかで砂が溜まり、水深は 10 cm 以下であった。

カエルの産卵場所を探す初めの段階では、調査エリアの水の流れのなかを歩きながら、卵やオタマジャクシが見つかるかどうかを調べた。様子がわかってくると、卵やオタマジャクシの有無に関係なく、産卵場所と思われる場所に目星を付けられるようになった。その場所やかたちに共通する特徴があったからだ。川床を作る岩のくぼみ、あるいは砂が堆積した川岸に水溜まりができていたが、落ち葉や枯れ枝などはその水の中にはなく、周囲に積み上げられたようになっていた。それらは川の水の流れが押し上げたものとは違って、不自然に見えたと彼らは報告している。

産卵場所と思われた場所から 3 m 離れたところに赤外線カメラを設置し、日暮から 11 時間連続記録し、カエルが産卵するかどうかを調べた。

3. 大きな石をまるく並べる

2 月末から 5 月初めまでの調査で 22 カ所、産卵場所を発見した。その

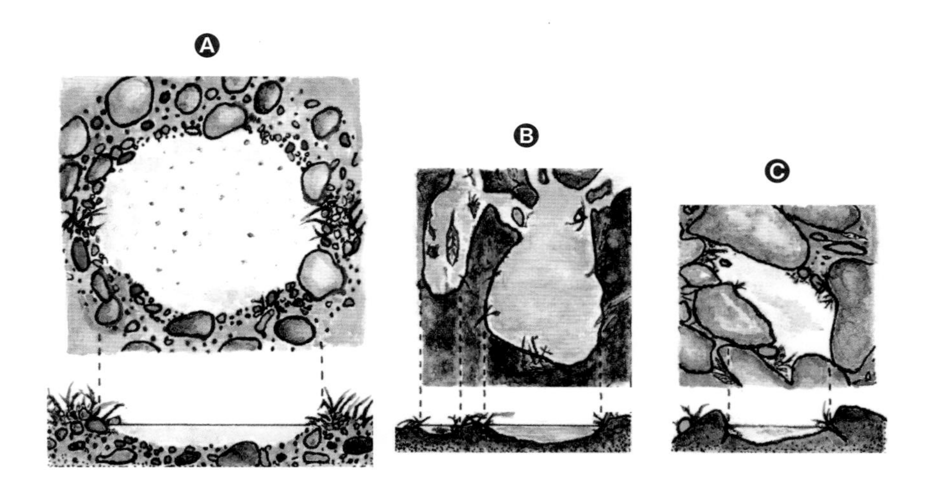

図 46　ゴライアスガエルの巣

🅐：円形に並べられた石で囲まれた水溜まり（断面図で水溜まりの深さを示す）

🅑：川床が削れてできたくぼみを利用した産卵場所

🅒：川岸近くの水溜まりを利用した産卵場所

図 47　手のひらで支えられている巨大なゴライアスガエル

うちの19カ所ではカエルが産卵しているのを確認できた。そのうちの6カ所の水溜まりは大きな石が円形に取り囲んでいて、素人が見ても自然にできた水溜まりではなく、人工的な水溜まりに見える（図46❹）。これらが人ではなく、カエルによって作られたとするならば驚きだ。円形に並んでいる石は、人が持ちあげるには両手がいるような大きさで、大きいものは2 kgもあった。しかし、調査チームのレーデルはカエルがこれを動かせると考えている。なぜなら、ここで産卵したカエルは世界最大とされる、巨大ガエルだからだ。ゴライアスガエル（*Conraua goliath*）といい、下肢を除いて体長は34 cm、体重は3 kgを越える（図47）。“ゴライアス”とは旧約聖書に出てくる巨人ゴリアテの英語読みである。カエルを支えている人の手と比べると、その巨大さがわかるだろう。このカエルが2 kgの石を動かしている様子を見てみたいが、用意した赤外線カメラでは残念ながら捉えられなかった。

この水溜まりは、直径1 m近く、深さ10 cmほどだった（図46❹）。底には小石と砂が堆積しているが大きな石はなく、落ち葉の堆積もない。水溜まりを囲む大きな石の表面を見ると、地面に面していた側が上になっているものがあったので、これはゴライアスガエルがその力でひっくり返し、水溜まりの端へ押し寄せたに違いない。落ち葉と石屑も水溜まりの端に押し寄せられてダムのような役割をしていた（図46❹断面図を参照）。川の水はこのダムを介して出入りし、きれいに保たれていた。

石で囲まれた円形の水溜まりのほかに、川床の大きな岩が川の流れによって削れてできた浅いくぼみを利用した産卵場所（図46❺）、さらに川の流れによって作られた水溜まりを利用した産卵場所（図46❻）も見つかった。いずれも、底には木の葉など植物の堆積物がない。ゴライアスガエルが、その力を発揮して押しのけてしまったのだろう。

4. 巣を見守る

これらの産卵場所はゴライアスガエルの手が加わっているので、“巣”と呼んでかまわないと思うが、どの巣でも卵は丸い巣の内側に散らばって産み付けられていた。観察できた卵の数はかなり変動が大きかった。川の水量が増えて流されてしまった場合、逆に水量が減り孵化の前に乾いてしまった場合もあったからだ。産卵数の推定が比較的うまくできた場合、1個の巣で2700から2800個の卵を数えた。しかし、同じ巣のなかで発生段階の異なるオタマジャクシが育っている場合があったので、この数値はそのまま、ゴライアスガエルの1回の産卵数であるとは断言できなかった。

巣のなかには川のエビが入り込み、オタマジャクシが食べられてしまう様子も観察された。この場合、オタマジャクシは群れを作り、巣のなかで泳ぎ回っていた。大人のゴライアスガエルの行動を直接、観察者の目で見ることは難しいようだ。夜間観察するのだが、わずかな音や携帯する照明の光で驚いたカエルは逃げ出し、川に飛び込んでしまった。このゴライアスガエルは5mもジャンプできる。

巣のすぐそばに座っているカエルを実際に見ることができたのは、1回だけだった。カメラの記録では、巣の近くに1匹のカエルが座っていて、そのあと、もう1匹の大きなカエルが近づいてくるのがわかったが、それ以上の詳しい行動は記録できなかった。しかし、毎日連続して特定の巣を観察することによって、カエルが卵を産むため堆積物を除去し、巣を作っていく経過を追うことはできた。

このような状況なので、ゴライアスガエルが巣作りために落ち葉などの堆積物を除去するという直接証拠を、調査団自身の目で確認することはできなかった。しかし、現地のカエル採集を仕事とするハンターの観察によると次のような行動をするという。

「オスのゴライアスガエル*が巣を作っている間、メスのゴライアスガエルはその近くで待つ。巣が完成すると、オスはメスを引きつけるための発声を開始する。そして、オスに抱き寄せられたメスは産卵し、しばらくの間、巣を守ったあと、変態を完了した子ガエルのため、川に向かう出口を作り子供たちを開放する。」

しかし、調査団自身は、これらの行動をその目で見ていないので、メスのゴライアスガエルが巣を取り囲む大きな石を動かして出口を作ったかどうかわからない。今後の研究を待ちたい。

＊インターネット上の検索で、Mpoula river, Cameroon と入力すると、
この川とゴライアスガエルの写真が出てくる。

5. 巣の利点

カエルの巣作りは､第9章で紹介した南米のガマユビナガガエルのほか、ボルネオのブリスガエル（*Limnonectes blythii*）[59] で報告されているが、南アフリカのカエルではゴライアスガエルが初めての報告である。巣を作るところを直接には観察できなかったが、巣とみなす根拠は次の通り。カエルは水溜まりから落ち葉などを除去した後で、中心近くの比較的大きな石に卵を産み付けていたこと。落ち葉などに産み付けると卵が流される恐れがあるので、卵の安全を確保するためにこのような産卵方法をとったのだろう。だから、この場所は彼らにとって“巣”なのだ。

カエルの繁殖行動は環境に大きく影響されるが、ゴライアスガエルの場合、自分で巣を掘ることによって、川の強い流れを防ぎ、捕食者への防御もできる。乾季や雨季への対応もできるので、繁殖期は長く保てるなど、生存のための利点となるだろう。

巣は特定の場所で集まって分布しているので、カエルはテリトリーを作っていると推定されるが、個々のカエルの行動を追えていないので、さらに調べる必要がある。第9章では、南米でガマユビナガガエルのオスがドーム状の巣を作り、そこへメスが入っていく行動を紹介した。しかし、ゴライアスガエルでは巣の近くにいるカエルを見たが、 カエルが近づいていく一連の行動は確認できていない。さらに、巣を作り、守っているのはオスかメス、どちらのカエルなのか確定できていない。今後の調査研究を待ちたい。

第11章　少ない水の中で大事に育てる

さて、第9章と第10章では、産卵のあと無事にオタマジャクシに育てるため巣を作るというカエルを、水の少ない環境と水が豊富な環境、それぞれで紹介した。ゴライアスガエルは川の流れから卵を保護するため巣を作ったが、オタマジャクシがカエルになるまで巣を守ったわけではない。カメルーンからの報告書にはおそらく産卵後、1匹のカエルが巣のそばで座り続けている場合があったとあるが、多くのカエルは産卵後、どこかへ行ってしまったのだろう。2000個を超える卵の行く末を見守るのは容易ではないので、仕方がないのかもしれない。

一方、多くの卵を育てるのではなく、少数の卵を産むことで、子ガエルになるのを見届けることに成功しているカエルもいる。このカエルはゴライアスガエルとは逆に少量の水溜まりに産卵し、エサを自分で与え、鳥類などに見られるような子育てをする。

生殖行動を行った1対のオスとメスが卵の成長を見守るということは、カエルの世界ではこれまで知られていなかった。しかし、南米の多雨林と雲霧林に生息するカエルの行動が、1990年代に調べられ、カエルの行動の新たな一面が知られるようになった。そのカエルは皮膚に強力な毒を持っていることで有名で、そのことからヤドクガエル科（Dendrobatidae）として分類されている（ただし、この科に属するカエルのすべてが毒を持つというわけではないらしい）。

カエルが産み落とした卵を育てる方法について、特に変わった行動を示すものはたくさんあって、以前からいろいろな書物で紹介されている。例えば、母親が卵を口の中に含み、孵化するまで胃のなかで育てることで有名な、オーストラリアにすむイブクロコモリガエル（*Rheobatrachus silus*）がある。この行動が初めて発表された時、カエルの行動の専門家の間で、その信憑性に疑いの目が向けられたという[23]。また、さらに風変わりな育て方として、卵を背中の皮膚に埋め込んで、オタマジャクシになるまで育てる南米にすむコモリガエルもいる。本書では、親（オスとメス）による子育ての役割が詳しく研究されているヤドクガエルの行動に絞って紹介しよう。

子育てをするには、エサを与えるだけでなく、防御のための巣が必要である。カエルの場合、きれいな水も確保しなければならず、鳥の子育てより、ずっと負担が大きいだろう。これらをどのようにして手に入れるのか、読者の皆さんは、なかなか想像できないのではないか。カルガモのヒナが親に連れられてすみかを移動するように、親ガエルはオタマジャクシを引き連れて、泳ぐあるいは地面を歩くのだろうか。

1. オタマジャクシを背負って運ぶヤドクガエル

ヤドクガエル科に属するカエルは非常に多い。一般に体型は小さく、体色は輝きを放つ赤、ピンク、青など、カエルの種類によって変化に富み、ペットショップで大変人気がある。さらに、名前が示すように強力な毒を持つことも、カエル愛好家を引きつける理由であろう。この科のカエルは、卵がオタマジャクシになるまで世話をするものが多いという。そのうちの1種、イチゴヤドクガエル（*Oophaga pumilio*）は未授精卵をエサとしてオタマジャクシに与え、栄養を確保することまでする。まず、この子育てを紹介しよう。

イチゴヤドクガエルは中央アメリカの平地に分布する陸生のカエルで、非常に目立つ赤や朱色の体色をもつ（図48）。米国のブルスト（Brust）はパナマのボカス・デル・トロ（Bocas del Toro）（2章−2、図13参照）でこのカエルの子育てを観察した[60]。卵は水溜まりや池ではなく、地面に積った落ち葉の上に産み付けられる（最大5個）。孵化するまで7日ほどかかる。生息環境は熱帯雨林とはいえ、落ち葉の上では卵が乾いてしまわないかと

図 48　イチゴヤドクガエル

図 49　熱帯雨林でヤドクガエルが子育ての場所として利用する熱帯植物の例

左：ヘリコニア

右：エクメア（雨水が溜まった葉腋が見える）

図 50　バンツォリーニヤドクガエル

思うであろうが、オスが尿をかけることによって湿り気が確保されるので心配はいらない。ここでもカエルの膀胱は単なる排泄器ではなく、水分の貯蔵庫として働いている。孵化するまでの間、オスは捕食者(同種のカエル)から卵を守る。また、孵化に失敗した卵を取り除くなどの世話もするらしい。

孵化してオタマジャクシになると、膀胱に溜めた尿では足らず、子育てに十分な水が必要になる。植物の葉の付け根を葉腋(ようえき)と呼ぶが、熱帯植物の葉腋は茎に付く部分が大きく雨水が溜まるので、そこを子育ての場所にする（図 49)。子育てはオスからメスへバトンタッチされ、メスは水の溜まった葉腋へオタマジャクシを運ぶ。運び方は“ おんぶ ”である。オタマジャクシはからだをよじらせて母親の背中に登る。1 回に最大 4 匹までのオタマジャクシを運べるという。運ぶだけではなく、その後、メスはこの葉腋にたびたび通う。エサとするため未授精卵を産むのである。このようにイチゴヤドクガエルの場合、子育てはもっぱらメスの仕事となっている。

ところが、オスがもっと積極的に子育てに加わるというヤドクガエルの生活史が調べられ、両親が子育てをするカエルとして注目を集めた[61]。そのカエルは、バンツォリーニヤドクガエル（*Ranitomeya vanzolinii*）で、オタマジャクシを背負って運ぶイチゴヤドクガエルの行動が報告されてから 4 年後の報告である。

バンツォリーニヤドクガエルは黒色の背中に明るい黄色の円形の小斑のほか、肢には鮮やかな青の網目模様があり、容易に個体識別できることが研究上の利点となった（図 50)。ブラジルのアクレ州（Acre）の低地熱帯雨林（8°16’S, 72°46’W）で 12 対の個体の行動が観察された。彼らの子育て場所は森に生える若い木やツタ類にできた小さな穴（直径 3.0 × 1.7 cm、樹洞と呼ぶ）で地上 1.2 m ほどのところにある。

この樹洞には雨水が深さ 18 cm ほど溜まり、ここで 1 匹目のオタマジャクシを育てている（図 51 ❶)。そのかたわら、メスは新たに卵を 1 個産み、受精させるが、水の中に産み落とすのではなく、樹洞の内壁で水面より少し上に卵を貼り付けておく（図 51 ❷)。なぜかというと、このカエルはイチゴヤドクガエルと同じ陸生のカエルなので、卵は水中では生きられない

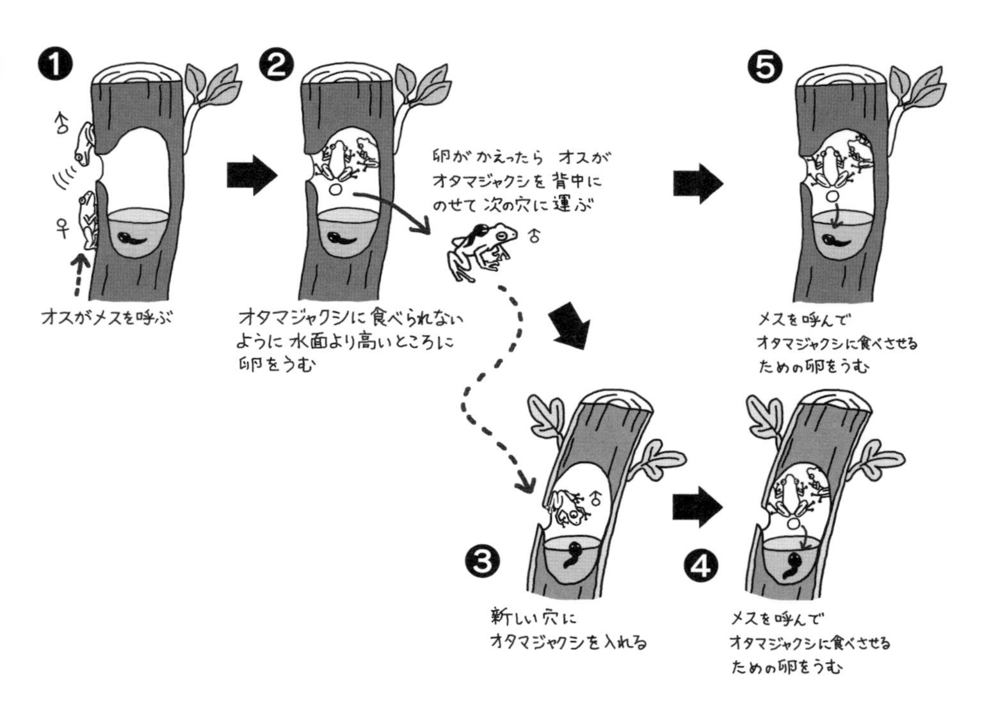

図 51　樹洞を利用するバンツォリーニヤドクガエルの子育て

からだ。卵は孵化してオタマジャクシになるが、このオタマジャクシは樹洞に溜まった水へ滑り込むのではない。誤って滑り込むとすでに水中で育ちつつあるオタマジャクシ､自分の兄か姉､に食べられてしまう。バンツォリーニヤドクガエルはオタマジャクシの時も、恐ろしい肉食性なのだ。

そこで、親ガエルは孵化したばかりの2匹目のオタマジャクシを新しい穴（樹洞）へ移してやらねばならない（図51❸)。これはオスの役割で、メスは運搬に付き添わない。冒頭で紹介したイチゴヤドクガエルの場合は、メスが孵化したオタマジャクシを葉腋へ運んでいたのとは､大きく異なる。

運び終わった数日後、オスは樹洞から出て、鳴き声の頻度を上げメスを呼び寄せる。何のために呼ぶのかというと、エサにする卵を産んでもらうためだ。メスは呼びかけに応じると､オスのうしろ5〜10 cmまで近づき、オスについて行く。オスはメスをツタや小枝の間を通って巧みに誘導し、先にオタマジャクシを運んでおいた樹洞を目指す。メスは樹洞に入るのだが、この時いつもオスに伴われて入る。ここでメスはエサにする未授精卵を産み落とす（図51❹)。オスの仕事はまだある。オスは、1匹目のオタマジャクシを育てるためにもメスを呼び寄せ、餌にするための未受精卵を産み落としてもらわなければならない（図51❺)。

エサとしての卵は毎日、与えるのではなく、平均すると5日ごとの給餌となる。2匹のカエルがペアになっているのが観察できる時、それはいつも同じ個体同士のペアだった。彼らはつがいの絆を結んでいるといえるだろう。この絆はどれだけ続くのかは調べられなかったが、観察できた期間の終わりに近づいても、ペアの結びつきが弱まったようには見えなかったという。

2. 水が少ないほど子育ては熱心

ヤドクガエルの産卵に伴う行動を調べることによって、雌雄それぞれの役割など、子育てのかたちはカエルの種によって違うことが示された。さらに、別の種の2種類のヤドクガエルの行動を調べ、比較することによって、子育てのかたちを決める要因がわかってきた。

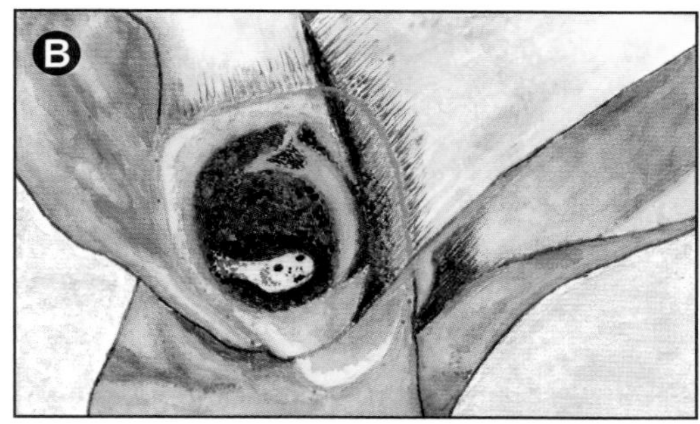

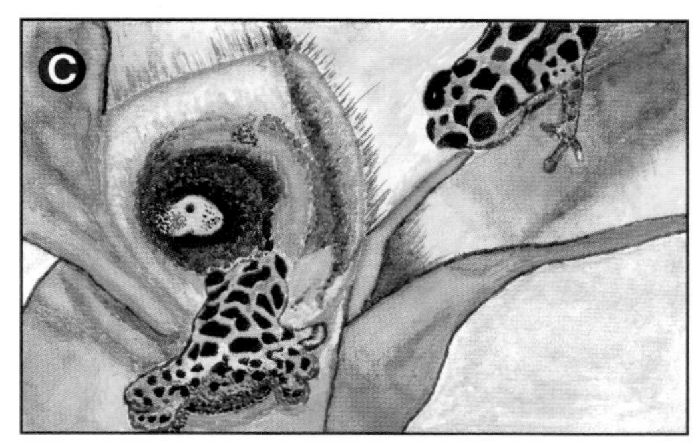

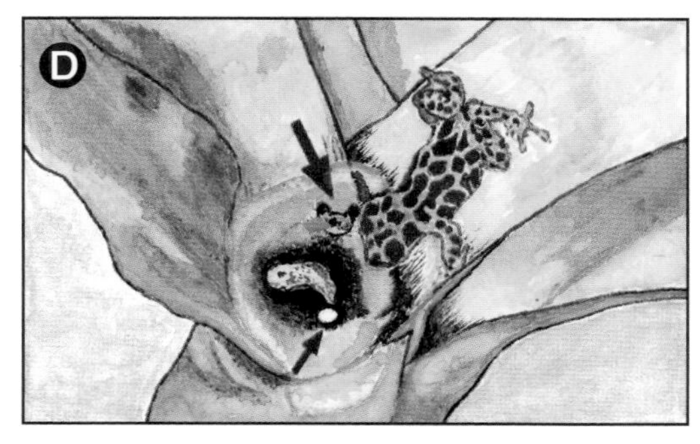

図 52　オタマジャクシを背負って運ぶマネシヤドクガエルの子育て

🅐～🅓 それぞれについては本文を参照

南米のペルーにすむアミメヤドクガエル（*Ranitomeya variabilis*）は光り輝く黄色からオレンジ、黄緑色からなる網目状の模様が背部にあり、美しいカエルである。このような色彩は光の当たり方で変わるため、“変化する”という意味で種小名 *variabilis* が付けられている。ペットショップでの名前はバリアビリスヤドクガエルとも呼ばれている。これに非常によく似た模様を持つヤドクガエルがいて、マネシヤドクガエル（*Ranitomeya imitator*）という（図 52 🅐）。この 2 種はともに樹状性の生活をし、葉腋にできた水溜まりのなかで子育てをするなど似ている点があるが、違いもある。

からだの模様をまねているマネシヤドクガエルはオスとメスが協力して長期間（月単位）子供の面倒をみて、メスは自分の卵をエサとして定期的に与える。雌雄の関係は一夫一妻である。活動域は狭い。一方、アミメヤドクガエルは**子育てを担うのは両親ではなくオスだけで**、メスは卵を産んだ後は世話をしない。オタマジャクシはエサをもらわない。つがいの相手をよく変える、などの特徴がある。

要するにマネシヤドクガエルのほうが“本家”のヤドクガエル（アミメヤドクガエル）より子供に対する面倒見がよいのだ。ここでちょっと、先に紹介したバンツォリーニヤドクガエルを振り返ってみよう。バンツォリーニヤドクガエルもオスとメスが協力して子育てを行い、両親が子育てをするマネシヤドクガエルと似ている。一方、アミメヤドクガエルは先に示したように、オスだけが子育てをする。この違いはどこから来るのだろうか。この疑問に答える実験を行った米国の研究者、ブラウン（Brown）[62)]たちが注目したのは、子育てに必要な葉腋に溜まっている水の量だった。

彼らの野外実験によって、小さな水溜まりでオタマジャクシが生き残るためには、両親による子育てが必須であることが見えてきた。行動の観察と野外実験はペルー北部、山岳地帯への入り口になる標高 500 m を越える森林地帯の 4 カ所（例としてそのうちの 1 カ所を示す：6°25’37”S, 76°17’42”W）で行われた（Cainarachi Vally, Cordillera Escalera, San Martin, Peru）。面倒見がよい子育てをするマネシヤドクガエルの一連の行動様式を、図を使って説明しよう（図 52 🅐～🅓）。

マネシヤドクガエルのオスは、メスを縄張り内にある産卵場所へ誘導する。メスは水から離れたところにある地上の落ち葉の表面に1から4個を産み付ける。以下、Ⓐ〜Ⓓは図中の記号に対応している。

Ⓐ：産卵から1週間後、オスは卵を産み付けた葉っぱのところへ戻り、卵を覆っていた膜を破ってオタマジャクシが自由に動けるようにする。出てきたオタマジャクシはからだをよじらせ、オスのカエルの背中に乗っかる。

Ⓑ：オスは、彼ら（ペアのオスとメス）の縄張り内で、水の溜まっている葉腋を探す。それが他のオタマジャクシに占領されていなければ、そこに背中に乗っているオタマジャクシを入れる。オスは2、3日ごとに葉腋をチェックし、いつオタマジャクシに卵をエサとして食べさせたらよいかを見極める。

Ⓒ：頃合いになると、卵を給餌するため、オスは葉腋の近くから鳴き声を上げる。しばらくするとオタマジャクシの母親が到着する。

Ⓓ：オスが鳴き声をひとしきり続けると、メスは水溜まりの中へ飛び込み、エサとするために卵を産み落とす（図では矢印を付けて示し、水中で白く光っている。メスは水溜まりの内部にいる。）。

オタマジャクシが成長するまでの間（平均7.3日）、この行動が繰り返される。

このような一連の子育て行動を見てわかるように、マネシヤドクガエルでは両親がよく協力して子育てしていた。一方、アミメヤドクガエルの子育てにはオスだけが関わり、エサもやらない。この違いはどこから来るのかとブラウンらは考え、子育ての場所である葉腋（図49参照）に溜まる水の量に注目した。植物にできる水溜まりをファイトテルマータ（phytotelmata）と呼ぶが、これは葉腋のほか、木の幹にできた樹洞や食虫植物の漏斗状の袋にもできる。

ヤドクガエルがペルーの森林で利用するファイトテルマータを調べると、アミメヤドクガエルが利用するファイトテルマータの水量は多い（平均 112 ml）が、マネシヤドクガエルでは非常に少ない（平均 24 ml）。

ファイトテルマータには昆虫などが入ってきて、エサとなることがあるが、小さいファイトテルマータではオタマジャクシの成長と生存に足りるだけの栄養がないので、栄養源として卵を与えざるを得ない。だから、マネシヤドクガエルではオスとメスがよく協力する子育て行動が生まれたのではないか。この予想が正しいかどうか示すため、オタマジャクシが育つファイトテルマータの水量を人為的に変えてしまい、そこで起る成長の変化を調べるという、野外実験を組んだ。

[実験の方法]

小さい（水量の少ない）ファイトテルマータとして、ヘリコニアの 1 種（*Heliconia* sp.、オウムバナ科）の葉腋にできる水溜まりを使う。これは、自然条件ではマネシヤドクガエルだけが使用しているもの。大きいファイトテルマータとしてエクメアの 1 種 (*Aechmea bromeliad*、パイナップル科）の葉腋にできる水溜まりを使う。これは、アミメヤドクガエルがよく使用している。

そして、マネシヤドクガエルとアミメヤドクガエルのそれぞれが産んだオタマジャクシを水量が少ないヘリコニアのファイトテルマータに入れて育てる（図 53 記号 a)。さらに、水量の多いエクメアのファイトテルマータにマネシヤドクガエルとアミメヤドクガエルのオタマジャクシを入れて、同じように育てる（図 53 記号 c)。これらのファイトテルマータは粗いメッシュを被せ、カエルや大きな昆虫が中に入るのを防ぐだけでなく、卵を産み落とすことも防ぐ。すなわち溜まっている水に含まれる栄養だけを摂取させる。21 日後に体重、大きさを測定する。

マネシヤドクガエルは自然条件では親からエサをもらって育つので、小さいファイトテルマータにメッシュを被せずに親からエサとしての卵をもらえるようにした実験群も用意した（図 53 記号 b)。2 種類のファイトテルマータには適宜雨水を加え、水量が減らないようにしたが、実験終了時、ヘリコニアには平均 17 ml、エクメアには 39 ml の雨水が残っていた。

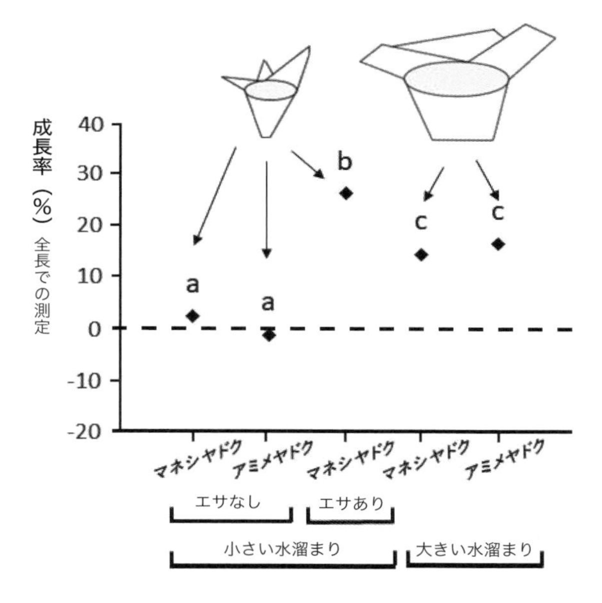

図 53　異なる生育環境でのマネシヤドクガエルとアミメヤドクガエルの成長

[実験の結果]

水量の少ないファイトテルマータでは、2種類のヤドクガエルはともに、成長が悪かったが、水量の多いファイトテルマータでは、どちらの種類も成長がよくなった(20%近い増加)。マネシヤドクガエルはファイトテルマータの水量が多くなると成長は促進されるが（図53記号c)、水量は少なくても栄養が十分であればさらに成長できる（図53記号b）ので、エサとして自分の卵を与えるようになったのであろう。そのためには、卵を産んでエサを用意するのはメスの担当、オタマジャクシを背負って運ぶのはオスの担当、というように両親が分担して子育てする方が負担は少ない。

繁殖に使う水溜まりの大きさという、生態学的要因がカエルの子育てという行動のかたちと関連するというのは、動物の行動の進化を考えるうえで興味深いと、ブラウンらは考察している。小さな水溜まりではエサを与えるという手間がかかるので、両親でお世話した方が有利とマネシヤドクガエルは考えたのだ。子育ての手間を軽減するには、水の量が多いファイトテルマータを選べばよいわけなのだが、自然環境では雨水がたくさん溜まったファイトテルマータはなかなか見つけにくいのであろう。

第12章 オタマジャクシにならなければもっと安全

ヤドクガエルの親は卵からオタマジャクシになった子供を背中に乗せ、子育ての場所を目指した。しかし、オタマジャクシは自分でしがみつけるわけではなく、背中からの分泌物に付着し、かろうじて乗っているだけなので、目指すファイトテルマータまでは危険な旅に違いない。運搬の成功率はどの程度だったろうか。しかし、それを調べた研究報告はないようだ。

産んだ卵を守るため巣を作ったり、オタマジャクシにエサを与えたりして必死で子供を守ろうとするカエルを紹介してきたが、自由に逃げ回れるようになるまでにオタマジャクシという成長段階を経なければならないのが、カエルの弱みである。これを克服するには、オタマジャクシという成長段階をできるだけ短く、あるいはなくしてしまえばよい。つまり、卵からいきなり子ガエルが孵化するのだ。これはもうカエルでなく、トカゲやワニではないかといわれてしまいそうだが、カエルの世界を見回すとこのような発生の仕方（直接発生と呼ぶ）をするカエルは決して少なくない。本書では直接発生のしくみを解説するのではなく、直接発生することが子育てのかたちに大きく関わる部分を紹介する。

1. 父親が子ガエルを運ぶジムグリガエル

オタマジャクシではなく、変態してカエルになった子供を背中で成長させ、これを森に放つという、ヤドクガエルよりずっと安全な子育てをするカエルがいる。自分の背中で子ガエルを成長させるカエルは非常に珍しい。パプアニューギニアにすむジムグリガエル科（Microhylidae）のカエルのうちシュラギンホーフェンマルユビガエル（*Sphenophryne schlaginhaufeni*）とツノマルユビガエル（*Sphenophryne cornuta*）の 2 種が背中で子育てをする。さらにジャマイカにすむユビナガガエル科（Leptodactylidae）のカエルで、コヤスガエル属（*Eleutherodactylus*）に分類されているカンドールコヤスガエル（*Eleutherodactylus cundalli*）も同じような子育てをする。これら 3 種だけが子供を背中で成長させるらしい。

まず、米国マイアミ大学のビックフォード（David Bickford）が 2002 年に報告したジムグリガエル科の 2 種の行動を紹介しよう[63]。観察場所はパプアニューギニア（Papua New Guinea）のほぼ真ん中に位置する研究区域 (Crater Mountain Biological Research Station, Chimbu Province) である（6°43'S, 145°05'E）。ここは標高 800 〜 1350 m の熱帯雨林 (年間降雨量 6.4 m) である。ニューギニアにすむジムグリガエル科のカエルはすべて水中で育つオタマジャクシの段階を飛び越して、小さな子ガエルとして生まれる。

ビックフォードはこの場所で 20 種類以上のジムグリガエルの行動を観察し、このうちの 2 種、シュラギンホーフェンマルユビガエルとツノマルユビガエルが子ガエルを輸送するところを観察できた。シュラギンホーフェンマルユビガエルでは 14 例、ツノマルユビガエルでは 9 例での観察だったが、子ガエルをおぶっているのは多くの場合、父親（オス）であった（計 23 例中 19 例）。

父親は子ガエルが孵化するまで卵を守り、全部が孵化すると子ガエルの運搬を始める。輸送するのは夜間で、それまで子ガエルは森の地面に積った落ち葉の下に隠れている。いっしょに生まれた子ガエル（兄弟姉妹）はいっぺんに運ばれるのではなく、何日かに分けて夜に輸送される。父親は一晩に森の中を約 8 m 歩き回り、その間に子ガエルは準備のできた者から飛び出していく。それは航空母艦のカタパルトから発射される戦闘機のようであったろう。

シュラギンホーフェンマルユビガエルの父親の背中に何匹の子ガエルが乗っているか、数えてみよう（図 54）。1 匹は親の頭の中央で前方を見据えている。からだの左側にも同じくらいの子ガエルが乗っているとすると、総数は 21 匹であろうか。一晩で飛び出す子ガエルは 7 匹以下（平均 3.6 匹）

図 54　子供を背負って運ぶシュラギンホーフェンマルユビガエルの父親

親ガエルの右側面と背側に子ガエルがしがみついているのが見える。
父親の頭の上に乗っている子ガエルは飛び出そうとしているところ

だというから、全部の子ガエルを運び終わるのに 3 〜 9 日かかる（平均 6.6 夜）というのには合点がいく。親ガエルが歩き回る総輸送距離は 34 〜 55 m（平均 44.4 m）に達する。全部輸送されるのを観察できたのはシュラギンホーフェンマルユビガエルでの 5 例であった。

2. 母親が子ガエルを運ぶカンドールコヤスガエル

ビックフォードは卵から子ガエルが孵化する様子をほとんど述べていない。しかし、別の研究者が孵化の様子を、子ガエルを輸送するもう 1 つのカエルであるジャマイカのカンドールコヤスガエルで調べているので[64]、それを少し述べておきたい。このカエルは洞窟のなかで産卵するという特異な生態を示す。一度に生まれる卵は約 60 個で、その 8 割以上が孵化して子ガエルになる。子ガエルは産まれると、全員が孵化するまで付き添っていた母親（メス）の背中によじ登る。その数は 30 から 72 匹で、背中、胴、頭に密集してしがみつく。かなりしっかり掴めるようで、母親が 1 m もジャンプしても子ガエルは全員、振り落とされずにいたそうだ。試しに、観察者は子ガエルを背中から降ろしてみたが、直ぐに自分で母親の背中に戻った。こうして、子ガエルは外の世界へ飛び立っていく。子ガエルを運ぶのは母親で、父親が運ぶパプアニューギニアのシュラギンホーフェンマルユビガエルとは違っている。

3. 子供をおんぶする意義

パプアニューギニアのジムグリガエルの行動に戻ろう。子ガエルは森の中で散らばって飛び出し、さらに成長していく。これはエサを奪い合う競争を避け、また捕食者に襲われる危険を減らすことにつながる。さらに、子ガエルの同系交配（兄弟姉妹間の生殖）の可能性を減らすことにもなる。これが、このような行動が生まれた理由ではないかと、今回の発見をしたビックフォードは推測している。

父親が子育てを担い、そのためにオタマジャクシを輸送する例をヤドクガエルで見てきたが、子ガエルを輸送するのは珍しいと冒頭で述べた。珍しい例の1つであるジャマイカのカンドールコヤスガエルでは子ガエルの輸送をするのは父親ではなく母親である。シュラギンホーフェンマルユビガエルのように生まれた子供が独り立ちする寸前まで、父親のみが世話をする陸生脊椎動物は珍しい。今回の研究は、父親が子供の世話をするようになった環境や歴史的条件の理解を深めると、ビックフォードは考察しているが、果たして人間の社会にも広げられるのだろうか。

あとがき

私は生き物好きの子供として育ち、それを対象に実験研究をすることを職業としてきた。だから、ふつうのひとが気持ち悪いと感じるような動物でも手に取ってみることに抵抗感がないが、全くないといえばウソになる。台所に出現したゴキブリを素手で捕まえるのは躊躇する。職業柄、動物種を差別しないと思いたいだけかもしれない。ゴキブリは昆虫の生理学研究ではポピュラーな実験材料で、感覚器、運動、学習能力などよく研究されている。そのからだに小さなセンサーを張りつけて何かを測定するというような学会発表を聞くと、どこをどうやって抑えてそんな操作をしたのだろうと、感心してしまう。

一方、カエルはたいていのひとにはかわいいと受け取られるようだ。その大きな目は特にかわいさを感じさせてくれる。カエルのイラストはどれも、その目を実際よりもさらに大きく描いている。子供が田んぼでニホンアマガエルを見つけたら、だれでも手でつかまえたくなるだろう。しかし、オーストラリアのオオヒキガエルに出会ったらなら、どうであろうか。素手で捕まえるのは躊躇するのではないか。ただし、本書でのオオヒキガエルのカラー絵は、特徴を強調し過ぎた面が否めない。

ニホンアマガエルは日本本土で、いちばん目に触れやすいカエルだそうだ（松井正文『カエル－水辺の隣人』中公新書）。だが、このカエルを自然環境のなかで目にしたことのあるひとはどの程度いるだろうか。私は昨年、かえる友の会主催のカエルの観察会に参加して、東京都郊外のある場所に案内してもらい、ほぼ50年ぶりでニホンアマガエルを手に取ってみる機会を得た。日本のカエルの生息地はどんどん狭くなっている。

50年の間、私が見て来た日本のカエルは、実験研究に使ったウシガエル（食用ガエル）とアフリカツメガエルだけだったといってよい。カエルは生命科学の研究材料として、かつては中心的な役割を果していた。しかし、近年ではマウスとラットにその座を譲ってしまい、学生実験でウシガエルが利用される程度になってしまった。私もラットを使った実験で研究生活を始めたひとりである。しかし、その中ごろの時点で世の流れに逆らい、カエルを実験動物とした研究をすることになった。それが本書で真っ先に紹介した砂漠に生息するカエルだ。

砂漠にすむカエルたちは、彼らの生存に必要な水が少ない環境のなかで、飲んで良い水とそうではない水を選んでいた。この特別な能力には、脊椎動物が持っている味覚という感覚機能と交差する部分があるので、味覚の生理学を専門とする私を大いに引き付け、研究してみることになった。このような動機、背景、実験の進め方は指導教官から与えられた研究テーマに従うのとは違って、とても楽しかった。研究者ではない人々にも興味深いだろうと思ったので、研究のスタートから結末までを『カエルはお腹で水を飲む？』と題して単行本にまとめ、出版した。しかし、カエルの皮膚の持っている生理学特性を研究の歴史を遡って詳しく解説したのは、失敗だった。難しい話となってしまい、商業出版にはなじまなかったようだ。

そこで、カエルは口を通して水を飲むのではなく、お腹の皮膚を通して飲むことを広く知っていただくことを第一の目的としたのが本書である。そのために、カエルにとって水がいかに重要かを教えてくれるエピソードを、世界中のカエルからたくさん集めた。そのカエルが生きていくために重要な皮膚の生理学的な機能については、前著をベースに簡略化して、第3、4、6章に少しだけ差し込んだことをご容赦いただきたい。

執筆者としてはわかりやすく書いたつもりであっても、読者にそう受け取ってもらえるとは限らない。研究者は自分の基準で考えがちだ。学生時代、理科系の科目を選択したのではない、ごく普通のかたに原稿を読んでいただくことで、前著での轍を踏まないようにすることを考えた。幸い、私が趣味で参加している乗馬クラブの会員で、カエル好きだが理科系ではなかったという、ごく普通の主婦に出会った。その岡田早月氏には原稿を改定するたびに眼を通し、コメントをいただいたことを感謝する。出来上がった原稿を出版社に持ち込んだところ、書店で手に取って見てもらえるかどうかに疑問符が付いた。そして、モノクロで描かれていたカエルの図をカラーにしてみては、という助言を八坂書房からいただいて完成させたのが本書である。大いに感謝する。図鑑に使われるようなできではないが、生物学的特徴は失わないように努力した。

本書では海外に生息するカエルを中心に紹介しているが、それらを何と呼んでよいか図鑑で調べると、何通りもあることに驚かされた。分類学上、近い種類の日本のカエルから類推して作った名前、英語名の直訳、ラテン語表記される学名のカタカナ表記を混ぜたものなどだ。これをいろいろな人が勝手にやるものだから、複数の名前ができてしまうらしく、どの名前を和名として本書で使ったらよいか迷った。この点については、カエルの専門家である慶應義塾大学経済学部の福山欣司氏に助言をいただいたことに感謝する。さらに、学名については、分類基準の変更に伴って最近、変更が多いので、この点についても福山氏にご教示をいただいた。海外の研究者の名前や地名の日本語表記については、私の学生時代からの友人である小口未散氏に助けていただいた。彼女は英仏だけでなく、ラテンアメリカの言語からラテン語まで幅広い知識を持つ。その助力に感謝したい。

本書を執筆するにあたり、カエルの形態・生理・行動について、カエル学者として著名であった岩澤久彰氏の総説（『動物系統分類学 9』中山書店）をたびたび参照したことを記しておきたい。また、岩澤氏のほかの出版物に記載されたカエルの情報を教えていただいた、藤原 QOL 研究所代表、藤原一枝氏に感謝する。そのほかにもカエルの行動や生態についての情報をいただいている。オーストラリアのカエルについてはかえる友の会代表、休場聖美氏から、日本全般のカエルについては、かつて共同研究を組んだ静岡大学理学部の竹内浩昭氏から、執筆のヒントをいただいたことに感謝する。

本書での図の作成について、カエルの皮膚の生理学的説明については（第 6 章）帝京大学医学部の福田諭氏の助言を得て作成した。18 世紀のタウンソンの実験（第 3 章）とカエルの子育てについての観察（第 9 章、第 11 章）は、サイエンスイラストレーターとして実績のある安富佐織氏に描いていただいた。氏は私と同じ動物学を学んだ縁で作画を快く引き受け、親しみやすい絵に仕上げて下さったことにとくに感謝申し上げる。

2024 年 5 月

長井孝紀

引用文献

はじめに

1) 岩澤久彰（2000）カエルの目から⑤、ミクロスコピア 17 巻、154 頁、考古堂書店.

第 1 章

2) Stebbins, R. C. & Cohen, N. W. (1995) *A Natural History of Amphibians*, Princeton University Press, Prinston.

3) Hillman, S. S., Withers, P. C., Drewes, R. C. & Hillyard, S. D. (2009) *Ecological and Environmental Physiology of Amphibians*, Oxford University Press, Oxford.

4) Cunjak, R. A., (1986) Winter habitat of the northern leopard frogs, *Rana pipiens*, in a southern Ontario stream. *Canadian Journal of Zoology*, **64**, 255-257.

5) Schmid, W. D. (1982) Survival of frogs in low temperature. *Science* **215**, 697-698.

6) Storey, K. B. (1985) Freeze tolerance in terrestrial frogs. *Cryo Letters* **6**, 115-134.

7) Storey, K. B. & Storey, J. M. (1990) Frozen and alive. *Scientific American* **263**, 92-97.

8) ライナー・フリント（浜本哲郎訳）（2007）数値で見る生物学ー生物に関わる数のデータブック、79 頁、シュプリンガー・ジャパン.

9) Dallas, J. W., Kazarina, A., Lee, S. T. M. & Warne, R. W. (2024) Cross-species gut microbiota transplantation predictably affects host heat tolerance. *Journal of Experimental Biology* **227**, jeb246735.

10) Katzenberger, M., Duarte, H., Relyea, R., Beltran, J. F. & Tejedo, M. (2021) Variation in upper thermal tolerance among 19 species from temperate wetlands. *Journal of Thermal Biology* **96**, 102856.

11) 朝日新聞（2023）11 月 10 日.

12) 岩澤久彰・倉本満（1996）動物系統分類学 9 巻下 A_1、中山書店.

13) Badger, D. (1997) *Frogs*, p.56, Barnes & Noble Books.

第2章

14) Kobelt, F. & Linsenmair, K. E. (1986) Adaptation of the reed frog *Hyperolius viridiflavus* (Amphibia, Anura, Hyperoliidae) to its arid environment: I. The skin of *Hyperolius viridiflavus nitidulus* in wet and dry season conditions. *Oecologia* **68**, 533-541.
15) Whitear, M. (1974) The nerves in frog skin. *Journal of Zoology* **172**, 503-529.
16) McClanahan, L. L., Ruibal R. & Schoemaker, V. H. (1994) Frogs and toads in deserts. *Scientific American* **270**, 64-70.
17) Shoemaker, V. H., McClanahan, L. Jr. & Rubal, R. (1969) Seasonal changes in body fluids in a field population of spadefoot toads. *Copeia* **1969**, 585-591.
18) McClanahan, L. L. Jr. Shoemaker, V. H. & Rubal, R. (1976) Structure and function of the cocoon of a ceratophryd frog. *Copeia* **1976**, 179-185.

第3章

19) 千葉県立中央博物館監修（2000）カエルのきもち、晶文社.
20) Tyler, M. J. (1976) *Frogs*, Collins, Sydney.
21) 長井孝紀（2015）カエルはお腹で水を飲む？ーカエルの皮膚ーその意外な役割、養賢堂.
22) Winokur, R. M. & Hillyard, S. (1992) Pelvic cutaneous musculature in toads of the genus *Bufo. Copeia* 1992, 760-769.
23) キャサリン・フィリップス（長谷川雅美、福山欣司 他訳）（1998）カエルが消える、大月書店.
24) Tracy, C. R., Laurence, N. & Christian, K. A. (2011) Condensation onto the skin as a means for water gain. *American Naturalist* **178**, 553-558.
25) McClanahan, L. L. & Shoemaker, V. H. (1987) Behavior and thermal relations of the arboreal frog *Phyllomedusa sauvagei. National Geographic Research* **3**, 11-21.

第4章

26) Brunn, F. (1921) Beitrag zur Kenntnis der Wirkung von Hypophysenextrakten auf den Wasserhaushalt des Frosches. *Zeitschrift für die gesamte experimentelle Medizin einschließlich experimentelle Chirurgie* **25**, 170-175.

27) Chevalier, J., Bourguet, J. & Hugon, J. S. (1974) Membrane associated particles: Distribution in frog urinary bladder epithelium at rest and after oxytocin treatment. *Cell and Tissue Research* **152**, 129-140.

28) Kachadorian, W. A., Wade, J. B. & DiScala, V. A. (1975) Vasopressin: induced structural change in toad bladder luminal membrane. *Science* **190**, 67-69.

29) Brown D., Grosso, A. & DeSousa, R. C. (1983) Correlation between water flow and intramembrane particle aggregates in toad epidermis. *American Journal of Physiology* **245**, C334-C342.

30) Denker, B. M., Smith, B. L., Kuhajda, F. P. & Agre, P. (1988) Identification, purification, and particial characterization of a novel Mr 28,000 integral membrane protein from erythrocytes and renal tubules. *Journal of Biological Chemistry* **263**, 15634-15642.

31) Preston, G. M. & Agre, P. (1991) Isolation of cDNA for erythrocyte integral membrane protein of 28 kilodaltons: Member of an ancient channel family. *Proceedings of the National Academy of Sciences of the United States of America* **88**, 11110-11114.

32) Preston, G. M., Carroll, T. P., Guggino, W. B. & Agre, P. (1992) Appearance of water channels in *Xenopus* Oocytes expressing red cell CHIP28 protein. *Science* **256**, 385-387.

33) Fushimi, K., Uchida, S., Hara, Y., Hirata, Y., Marumo, F. & Sasaki, S. (1993) Cloning and expression of apical membrane water channel of rat kidney collecting tubule. *Nature* **361**, 549-552.

34) Abrami, L., Simon, M., Rousselet, G., Berthonaud, V, Buhler, J. M. & Ripoche, P. (1994) Sequence and functional expression of an amphibian water channel, FA-CHIP: a new member of the MIP family. *Biochimica et Biophysica Acta* **1192**, 147-151.

35) Ma, T., Yang, B. & Verkman, A. S. (1996) cDNA cloning of a functional water channel from toad urinary bladder epithelium. *American Journal of Physiology : Cell Physiology* **271**, C1699-C1704.

36) Tanii, H., Hasegawa, T., Hirakawa, N., Suzuki, M. & Tanaka, S. (2002) Molecular and cellular characterization of a water-channel protein, AQP-h3, specifically expressed in the frog ventral skin. *Journal of Membrane Biology* **188**, 43-53.

37) Hasegawa, T., Tanii, H., Suzuki, M. & Tanaka, S. (2003) Regulation of water absorption in the frog skins by two vasotocin-dependent water-channel aquaporins, AQP-h2 and

AQP-h3. *Endocrinology* **144**, 4087-4096.

38) Shibata, Y., Takeuchi, H., Hasegawa, T., Suzuki, M., Tanaka, S., Hillyard, S. D. & Nagai, T. (2011) Localization of water channels in the skin of two species of desert toads, *Anaxyrus (Bufo) punctatus and Incilius (Bufo) alvarius. Zool. Sci.* **28**, 664-670.

第5章

39) Spencer, B. (1928) *Wanderings in Wild Australia*, Macmillan, London.

第6章

40) Jared, C., Mailho-Fontana, P. L. & Mendelson, J. & Antoniazzi, M. M. (2020) Life history of frogs of the Brazilian semi-arid (Caatinga), with emphasis in aestivation. *Acta Zoologica* **101**: 302-310.

41) Hoff, K. vS. & Hillyard, S. D. (1993) Toads taste sodium with their skin: sensory function in a transporting epithelium. *Journal of Experimental Biology* **183**, 347-351.

42) Hillyard, S. D. (1999) Behavioral, molecular and integrative mechanisms of amphibian osmoregulation. *Journal f Experimental Zoology* **283**, 662-674.

43) Nagai, T., Koyama, H., Hoff, K. vS. & Hillyard, S. D. (1999) Desert toads discriminate salt taste with chemosensory function of the ventral skin. *Journal of Comparative Neurology* **408**, 125-136.

44) Ussing, H.H. & Zerahn, K. (1951) Active transport of sodium as the source of electric current in the short-circuited isolated frog skin. *Acta Physiologica Scandinavica* **23**, 110-127.

第7章

45) Gordon, M. S., Schmidt-Nielsen, K. & Kelly, H. M. (1961) Osmotic regulation in the crab-eating frog (*Rana cancrivora*). *Journal of Experimental Biology* **38**, 659-678.

46) Hogben, L., Charles, E. & Slome, D. (1931) Studies on the pituitary: VIII. The relation of the pituitary gland to calcium metabolism and ovarian function in *Xenopus. Journal of Experimental Biology* **8**, 345-354.

47) Aldhous, P. (2004) The toads are coming! *Nature* **432**, 796-798.

第 8 章

48) Weil, A. T. & Davis, W. (1994) *Bufo alvarius*: a potent hallucinogen of animal origin. *Journal of Ethnopharmacology* **41**, 1-8.

49) 松井正文（2008）カエル・サンショウウオ・イモリのオタマジャクシハンドブック、文一総合出版.

50) Newman, R. A. (1987) Effects of density and predation on *Scaphiopus couchi* tadpoles in desert ponds. *Oecologia* **71**, 301-307.

51) Newman, R. A. (1988) Adaptive plasticity in development of *Scaphiopus couchii* tadpoles in desert ponds. *Evolution* **42**, 774-783.

52) Crump, M. L. (1989) Effect of habitat drying on developmental time and size at metamorphosis in *Hyla pseudopuma*. *Copeia* **1989**, 794-797.

第 9 章

53) Reading, C. L & Jofré, G. M. (2003) Reproduction in the nest building vizcacheras frog *Leptodactylus bufonius* in central Argentina. *Amphibia-Reptilia* **24**, 415-427.

54) Faggioni, G., Souza F., Uetanabaro, M. Landgref-Filho, P. & Furman, J. (2017) Reproductive biology of the nest building vizcacheras frog *Leptodactylus bufonius* (Amphibia, Anura, Leptodactylidae), including a description of unusual courtship behaviour. *Herpetological Journal* **26**, 73-80.

55) Crump, M. L. (1995) *Leptodactylus bufonius* (NCN). Reproduction. *Herpetological Review* **26**, 97-98.

56) Philibosian, R., Ruibal, R., Shoemaker, V. H. & McClanahan, L. L. (1974) Nesting behavior and early larval life of the frog *Leptodactylus bufonius*. *Herpetologica* **30**, 381-386.

第 10 章

57) Metter, D. E. (1964) A morphological and ecological comparison of two populations of the tailed frog, *Ascaphus truei stejneger*. *Copeia* **1964**, 181-195.

58) Schäfer, M., Tsekané, S. Jr., Tchassem, F. A. M., Drakulic, S., Kameni, M., Gonwouo, N. L. & Rödel, M-O. (2019) Goliath frogs build nests for spawning – the reason for their

gigantism? *Journal of Natural History* **53**, 1263-1276.
59) Emerson, S. B. (1992) Courtship and nest-building behavior of a Bornean frog, *Rana blythi*. *Copeia* **1992**, 1125-1127.

第 11 章

60) Brust, D. G. (1993) Maternal brood care by *Dendrobates pumilio*: a frog that feeds its young. *Journal of Herpetology* **27**, 96-98.
61) Caldwell, J. P. (1997) Pair bonding in spotted poison frogs. *Nature* **385**, 211.
62) Brown, J. L., Morales, V. & Summers, K. (2010) A key ecological trait drove the evolution of biparental care and monogamy in an amphibian. *American Naturalist* **175**, 436-446.

第 12 章

63) Bickford, D. (2002) Male parenting of New Guinea froglets. *Nature* **418**, 601-602.
64) Diesel, R., Bäurle, G. & Vogel, P. (1995) Cave breeding and froglet transport: a novel pattern of anuran brood care in the Jamaican frog, *Eleutherodactylus cundalli*. *Copeia* **1995**, 354-360.

図版出典

P. 4　『長沢芦雪展図録』（2017）より
図 5　Hillman *et al.* (2009)（文献番号 3）より改変
図 10　Kobelt and linsenmair (1986)（文献番号 14）より改変
図 11　Kobelt and linsenmair (1986)（文献番号 14）より改変
図 12　Whitear (1974)（文献番号 15）より改変
図 21　Winokur and Hillyard (1992)（文献番号 22）より改変
図 25　Preston and Agure (1991)（文献番号 31）より改変
図 27　長井孝紀（2015）（文献番号 21）より改変
図 31　Hillyard (1999)（文献番号 42）より改変
図 34　Hillman *et al.* (2009)（文献番号 3）より改変
図 43　Crump (1989)（文献番号 52）より改変
図 53　Brown *et al.* (2010)（文献番号 62）より改変

イラストレーション

筆者画：図 1, 6, 7, 8, 9, 14, 15, 16, 21, 22, 24, 26, 28, 33, 35, 38, 41, 44, 47, 48, 50, 52, 54

安富佐織画：図 17-19, 30, 45, 51

写真

筆者撮影：図 2, 4, 20, 37（A, B）, 39（A-C）, 40, 49（右）

カエル名索引

＊太字の数字は学名の掲載頁を示す

著者紹介

長井孝紀（ながい たかとし）

1950 年　岐阜県に生まれる
1974 年　東京大学理学部生物学科動物学課程を卒業
1979 年　東京大学大学院理学系研究科博士課程動物学専攻を修了
　　　　理学博士を取得
同年　　帝京大学医学部第一生理学講座 助手
1982 年　同講座 講師
1984 〜 86 年　ミシガン大学歯学部口腔生物学およびコロラド大学医学部生理学に留学
1992 年　コロラド州立大学解剖神経生物学に留学
2001 年　慶應義塾大学医学部 教授
2009 年　マイアミ大学医学部生物物理学に派遣留学
2016 年　慶應義塾大学 名誉教授

主な著訳書：
実験神経生物学（監訳　1986 年　東海大学出版会）、新編　味覚の科学（共著　1997 年　朝倉書店）、生命科学への招待（共著　2003 年　三共出版）、おいしさの科学事典（共著　2003 年　朝倉書店）、カエルはお腹で水を飲む？（2015 年　養賢堂）

研究分野：感覚器の生理学、特に味覚、聴覚

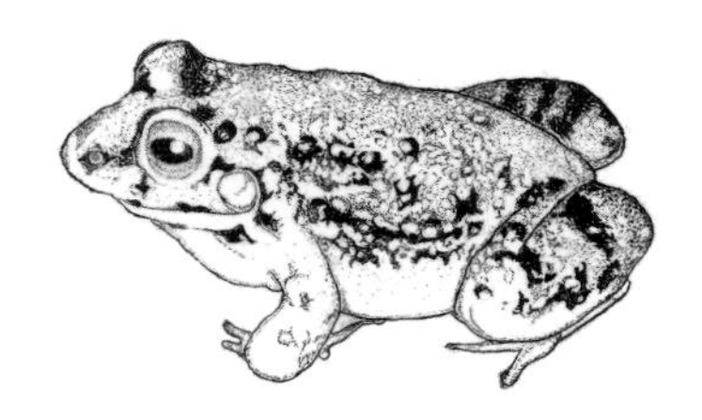

渇いたカエル　カエルたちの水対策

2024年 6月6日　初版第1刷発行

著　　者　長井孝紀
発 行 者　八坂立人
印刷・製本　シナノ書籍印刷(株)

発 行 所　(株)八坂書房
〒101-0064 東京都千代田区神田猿楽町 1-4-11
TEL.03-3293-7975　FAX.03-3293-7977
URL: http://www.yasakashobo.co.jp

乱丁・落丁はお取り替えいたします。無断複製・転載を禁ず。
© 2024 Takatoshi Nagai

ISBN 978-4-89694-366-5

関連書籍のご案内

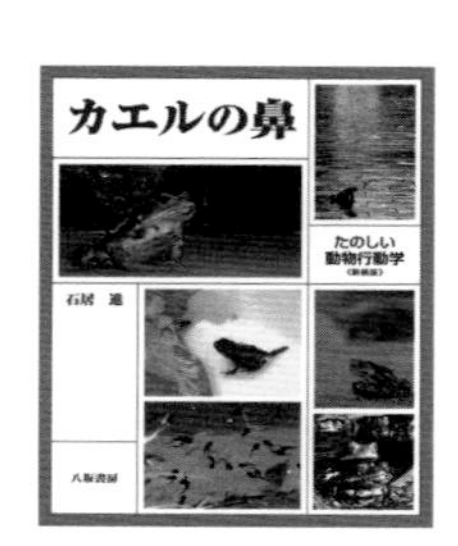

カエルの鼻

たのしい動物行動学

石居 進 著

192 頁／ A5 変形／上製　2000 円

ヒキガエルは毎年、生まれた池に卵を産みにかえるという。どうやってその池を見つけるのか。ヒキガエルの不思議な能力を解き明かすとともに、身近な生き物を観察する面白さを紹介する。

うちのカメ

オサムシの先生 カメと暮らす

石川良輔著／矢部 隆 注・解説

128 頁／ A5 変形／上製　2000 円

オサムシの研究で有名な著者のうちに飼われて35 年にもなるカメ（クサガメ）の半生記。生物学者の鋭い観察から浮彫りにされるカメのユニークな生活が豊富な写真や図版とともに展開。カメ研究者の協力も得た「カメ学」の入門書。

★表示価格は税抜きです